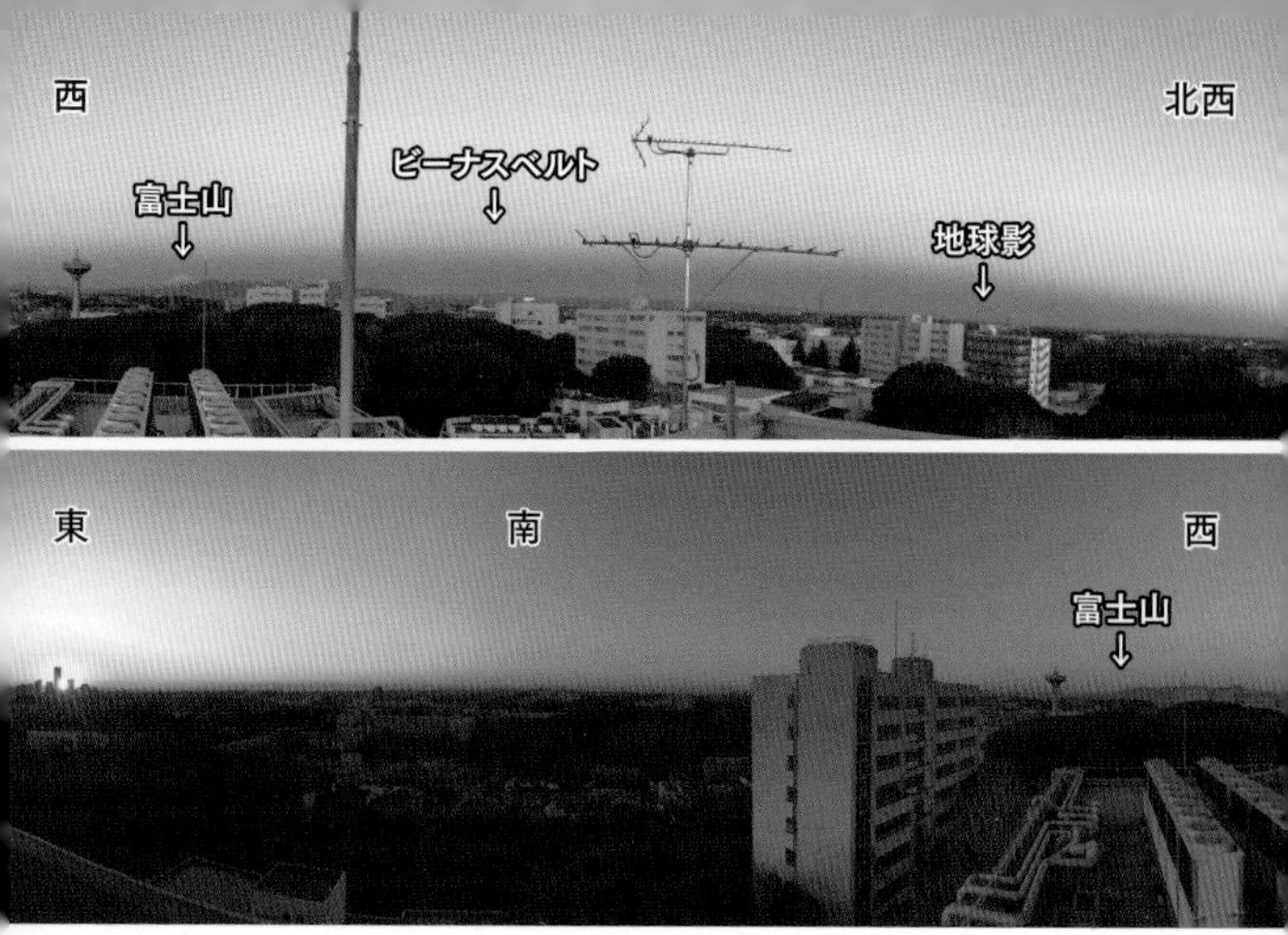

写真1　「マジックアワーの空」　2019年1月3日6時半ごろ横浜国立大学からパノラマ撮影したマジックアワーの空。上：日の出前のブルーアワー。丸みをおびた地球影とビーナスベルトが観測される（地球が丸いため）／下：日の出直後のゴールデンアワー。西の空が赤く変わり、富士山がピンクに染まる「紅富士」が現

写真2　「虹」　つくばの気象研究所で撮影された虹とアレキサンダーの暗帯
（写真提供：荒木健太郎氏）

関連動画はこちらから!

写真3 「ゴビ砂漠」 1999年にゴビ砂漠で気象観測をする著者（筆保）。
この観測により、砂漠の地面と大気の熱や水蒸気のやり取りを測定しています

写真4 「尾流雲」 雲底から尾流雲が観測できる。
横須賀市で撮影
（写真提供：鈴木創太・筆保研究室第11期生）

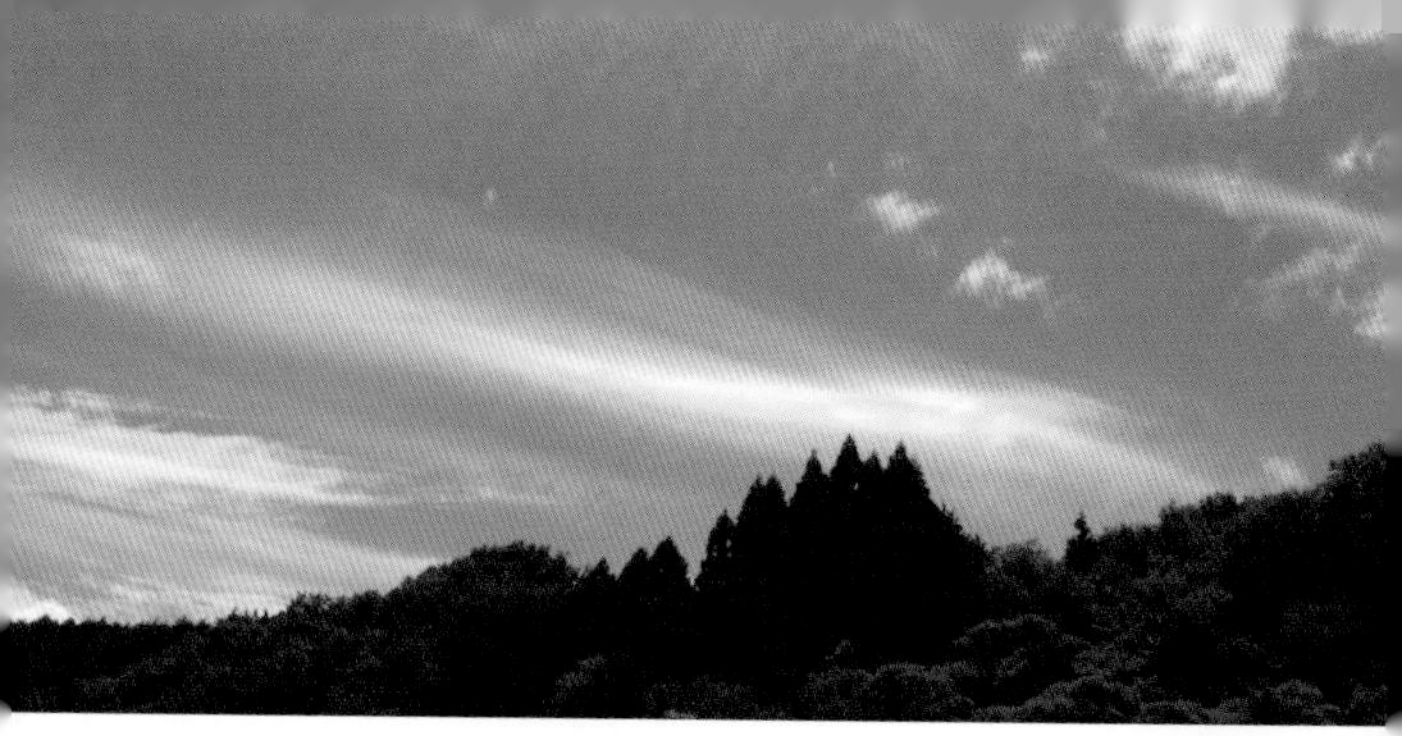

写真5 「彩雲」 夏に岡山で撮影された彩雲。
彩雲を見ると縁起がいいと言われていますが、
著者(筆保)はこの日、いいことが3つもありました!

写真6 「ハロ」
冬に逗子市で撮影。
(写真提供:おくむら政佳・第6期生)
ハロは太陽の周りで発生するので、太陽が動けばハロも動く

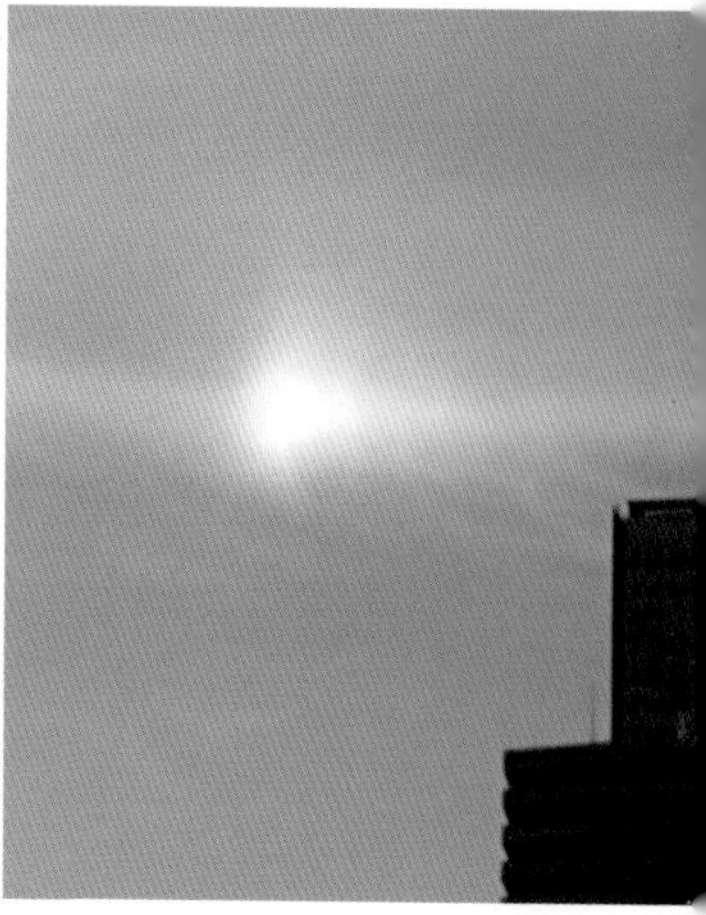

写真7 「幻日」
大阪で撮影。
(写真提供:広瀬駿・第3期生)
幻日は一瞬のできごと

十種雲形 上層雲

巻雲:すじ雲

横浜国立大学より撮影
(写真提供:水野凛・第9期生)

巻積雲:うろこ雲

横浜国立大学より撮影
(写真提供:佐久間光・第7期生)

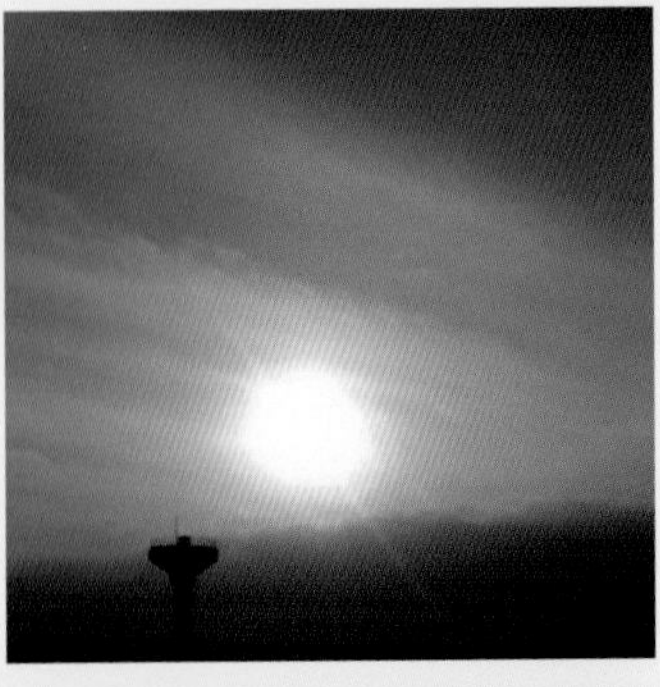

巻層雲:うす雲

横浜国立大学より撮影
(写真提供:土肥桃子・第1期生)

高積雲:ひつじ雲

三浦郡葉山町より撮影。TeamUMI(コラム144頁)の帰り道

(写真提供:細川茜・第9期生)

高層雲:おぼろ雲

横浜市より撮影。手前はつるし雲。つるし雲は富士山の風下(東側)で発生して、ずっととどまる雲(コラム109頁)

(写真提供:山内隆介・第8期生)

乱層雲:雨雲

フィリピン沖で海洋研究開発機構の観測船より撮影。この後、雨が降ってきた

(写真提供:辻和希・第9期生)

十種雲形 下層雲

積雲:わた雲

横浜国立大学より撮影。海風に沿って連なることがある
(写真提供:北内達也・第2期生)

層積雲:うね雲

横浜みなとみらいで撮影。ランドマークタワー(高さ296m)の上層階が層積雲で隠れることもある
(写真提供:金崎拓郎・第8期生)

層雲

山梨県山中湖で撮影。層雲は地上に接地していたら霧

（写真提供：広瀬駿・第3期生）

十種雲形 対流雲

積乱雲：雷雲

六本木ヒルズより撮影

（写真提供：宮崎駿・第6期生）

めずらしい雲

上：煙突の煙が雲になっている様子

（写真提供：おくむら政佳・第6期生）

中：富士山山頂にかさ雲、その東側につるし雲が発生している様子

下：昼と夜のすき間一瞬に現れる黄金雲

（写真提供：根来都子・第2期生）

すべて横浜国立大学より撮影

知的生きかた文庫

こちら、
横浜国大「そらの研究室」！
天気と気象の特別授業

筆保弘徳
今井明子
広瀬　駿

三笠書房

はじめに　空の楽しみ方、教えます！

筆保弘徳

皆さん、はじめまして。私は横浜国立大学教育学部の筆保（ふでやす）と申します。大学では、気象学研究室で学生たちと一緒に空の研究をしています。

近年、多くの方が天気に翻弄されていて、気候変動や異常気象に関心が高まっていることを実感します。この天気や空のしくみを考える学問が「気象学」です。

物理の公式や難解な数式が頻繁に出てくるので、「気象学は難しい」という印象をお持ちの方が多いようですが、それは実にもったいないです。気象学は、机にかじりついて必死に学ぶものではありません。子供のころ、空を眺めることが好きだったという方は思い出してみて下さい。目の前で起きる空の現象を観察し、その謎解きにワクワクしていたあのころの気持ち。必要なのは、空を楽しむという「遊び心」です。

本書では、「空はなぜ青いのか？」「異常な天気はどうして起きるのか？」「天気予報は何を言っているのか？」といった皆さんの天気や空に関する疑問を解決します。

特に今回は、気象学の基礎を伝えるだけでなく、童心のように空を楽しく理解していただくように、教育学部の研究室ならではのさまざまな仕掛けをほどこしています。

まず本書では、私が大学で行なっている授業の一部をご紹介したいと思います。大学の授業では、物理や数式が苦手な文系出身といった大学生にも、どう気象学をわかりやすく伝えられるか、「もっと知りたい！」と好奇心に火をつけるにはどうしたらよいか、と、10年間試行錯誤をしてきました。今では、季節の〝戦国時代劇〟、異常気象の犯人捜し…など、遊び心満載の授業です。

学生だけでなく、社会人や主婦の方などさまざまな立場の読者のニーズにも応えられるように、これまで一般向けの書籍を数多く手掛けてきたサイエンスライターの今井明子さんにも手伝ってもらいました。

また、「天気予報をちゃんと理解したい」という方には、やはりお天気キャスターです。現在、大阪のお昼のワイドショーで活躍中の広瀬駿さんに、防災に関わること、天気予報の内容から裏側まで、作っている人の目線で話してもらいました。彼は大学生の時から、気象学をどうやってエンターテインメントに結びつけるかを追求してきた、本書にはぴったりな第一線のお天気キャスターです。

さらに、新しい技術もとりいれています。研究室の学生といっしょに撮影を続けてきたたくさんの空の動画は、研究室のユーチューブで視聴できます。本書にあるQRコードを読み込んでいただければ、空の動画を見ることができます。空の動画を見ながら、本書を読んでいただければ、よりいっそう楽しみながら理解していただける、と期待しています。

さらにさらに、本書にはもう一つの仕掛けがあります。本編の内容とは別に、「そらの研究室より」というコラムを用意しました。私の研究室の卒業生や研究室に関わってくださった研究者や予報士さんたちに、「どういった経緯で空と向き合い、気象学の研究に取り組んできたか」「今はどんな仕事で気象学を結びつけているのか」などを書いてもらいました。コラムを読んだ皆さんは、気象学の研究や仕事がいかに「遊び心」と結びついているか、を感じられるのではないでしょうか。

子供のころに空を見上げてワクワクしたことを思い出すような、「空の特別授業」に、あなたをご招待いたします。

〔筆保研究室〕

〔筆保研究室 YouTube〕

もくじ

第2章

空は素敵な大劇場！

「虹」「低気圧」「偏西風」……個性的な出演者とカラクリ

第3章
季節の〝戦国時代劇〟
「高気圧四天王」の戦いが日本の四季をつくる

第4章

異常気象の真犯人はだれだ？

猛暑、暖冬、記録的な豪雪……はなぜ起きる？

第5章
知っておきたい「気象災害と防災」の話
お天気キャスターから伝えたいこと

第6章

天気予報の舞台裏

お天気キャスターの仕事

図版作成　株式会社ウエイド（原田鎮郎・六鹿沙希恵）
図版イラスト　株式会社ウエイド（森崎達也）
扉写真　gettyimages

第1章

「空の特別授業」へようこそ！

「気象」ってこんなに不思議で面白い

1

〝空の劇場〟の扉を開こう！

「空の彼方《かなた》」はどこまで？

最近、空を見上げていますか？

スマートフォンに夢中になって、毎日知らず知らずのうちに下ばかりを向いて歩いていませんか？

空を見上げると、さんさんと光輝く太陽、ぽっかりと浮かぶ雲、抜けるような青空。ときには美しい虹にも出合えることだってあります。

つき抜けるような青空を見上げていると、**「この空はいったいどこまで続いているのだろう……」**と考えたりしませんか？

しかし、よくよく思い出してみると、地球の外側は宇宙で、真っ暗な世界が広がっているはずです。地上から見える真っ青な空と、地球をとりまく真っ暗な宇宙、その境目はどうなっているのでしょうか？

地球には、**「大気」**と呼ばれる空気がとりまいています。その層を**「大気圏」**と呼びます。大気圏の厚さは、およそ２００〜８００㎞くらいです。地球の半径が約６０００㎞なので、大変薄いです。

大気圏の詳しい話は第2章でしますが、この大気圏の空気は上空に行くほど薄くなります。そして空気が完全になくなったところが「宇宙」となるわけですが、空間としては大気から宇宙とつながっているので、明確な境はありません。

それでは、どこまで上空を飛べば宇宙旅行をしたことになるのでしょうか。

国際航空連盟では、上空１００㎞より上を宇宙と定義しています。この高度を**「カーマンライン」**と呼びます。カーマンラインは、アメリカ空軍は80㎞としているように、組織や団体によって違いはありますが、一般的に**宇宙と大気の境界は高度１００㎞**です。

この高度100kmは、宇宙旅行をしたかどうかを決める重要な定義ではありますが、**単純に人の都合で決めたもの**といえます。実際にその高度では、空気は地上の100万分の1ほどの薄さにはなりますが、まだ大気の中です。

では、この高度100kmはどんなところなのでしょうか？

その高度に立つと、もうまわりは暗い空間です。地球に突入した天体が、この高度あたりで燃え始めます。地上から見ればそれはきれいな流れ星ですが、この高度にいると危険な飛来物でしょう。

もしも北極圏の上空にいれば、オーロラの光に包まれるかもしれません。オーロラは高度100km付近より上空で発生し、さらに高度によって光の色が決まっています。高度100km付近は紫色やピンク色、200km付近は緑色、200km以上で赤色です。

「空の彼方」の答えは、定義としては高度100kmまで。実際には、徐々に空気が薄くなっていき宇宙につながる、でした。

図1 「空の彼方」ってどこ？

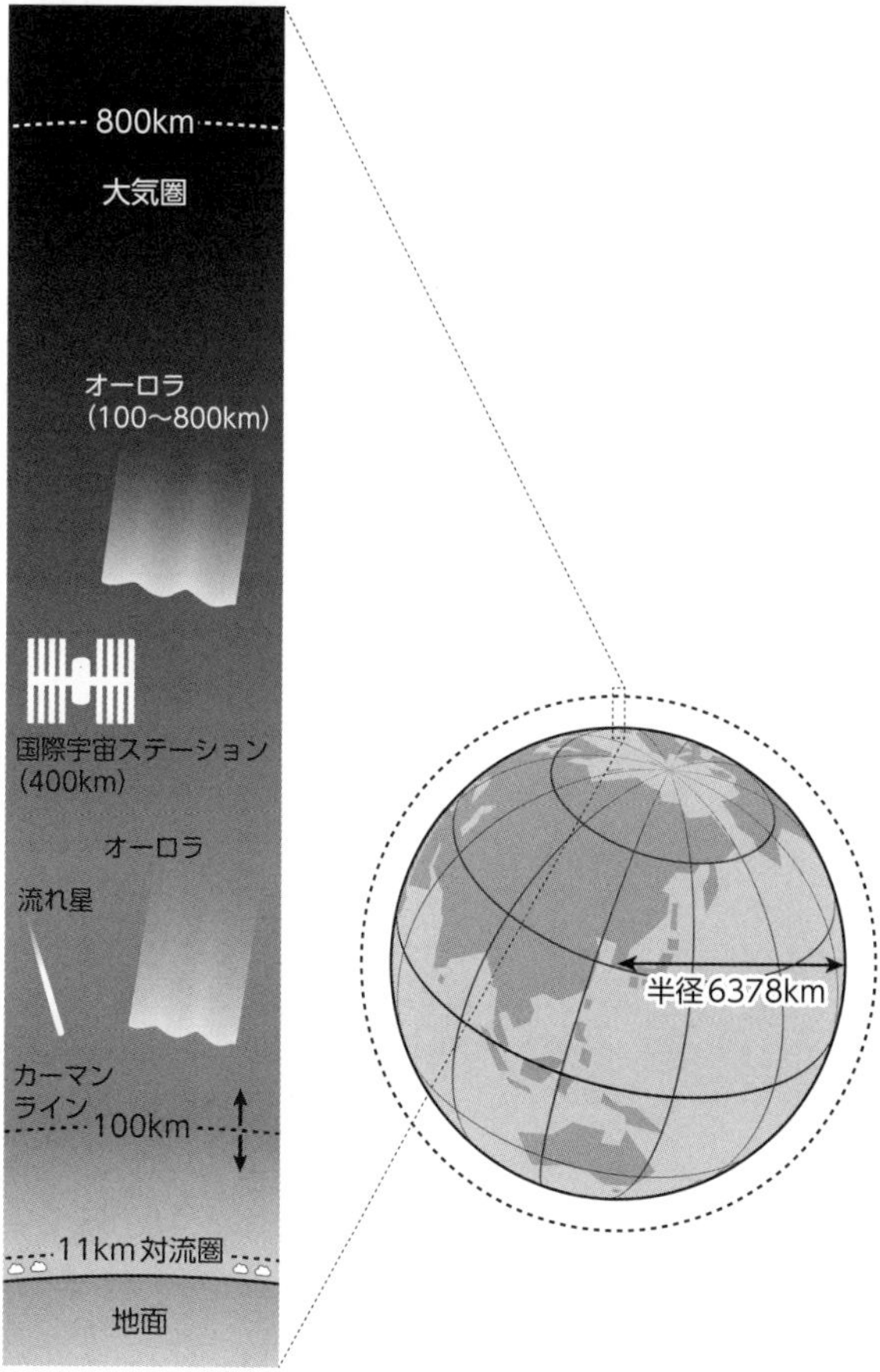
800km
大気圏
オーロラ
(100～800km)
国際宇宙ステーション
(400km)
オーロラ
流れ星
カーマン
ライン
100km
11km 対流圏
地面
半径6378km

空の名場面
——夕焼けの影に現われる「ビーナス」と「地球」

人の感じ方はそれぞれですが、多くの人が感じる**空の美しい時間**は、**よく晴れた日の夜明けごろ**と**日の入りごろ**でしょう。

日の出前や夕暮れどきから空をじっと観察していると、空の色が刻々と変化します。

日の出前は、真っ暗だった濃紺の空が徐々に白み、濃い青色に変化して東の空がオレンジ色に染まる朝焼けが見られます。

夕暮れは、オレンジ色だった西の空から日が沈むと、スカイブルーの空が徐々に深い青色に変化し、やがて夜の濃紺の色に変わっていくのです。

この時間帯を「**マジックアワー**」と呼びます。写真を撮るとどんなものでも美しく撮影できる、マジックのような時間です。

マジックアワーはさらに太陽が出ているときと、沈んでいるときに分けられます。

太陽が沈む前の30分ほどを「**ゴールデンアワー**」、太陽が沈んでから30分ほどを「ブ

図2　空が美しい時間「マジックアワー」

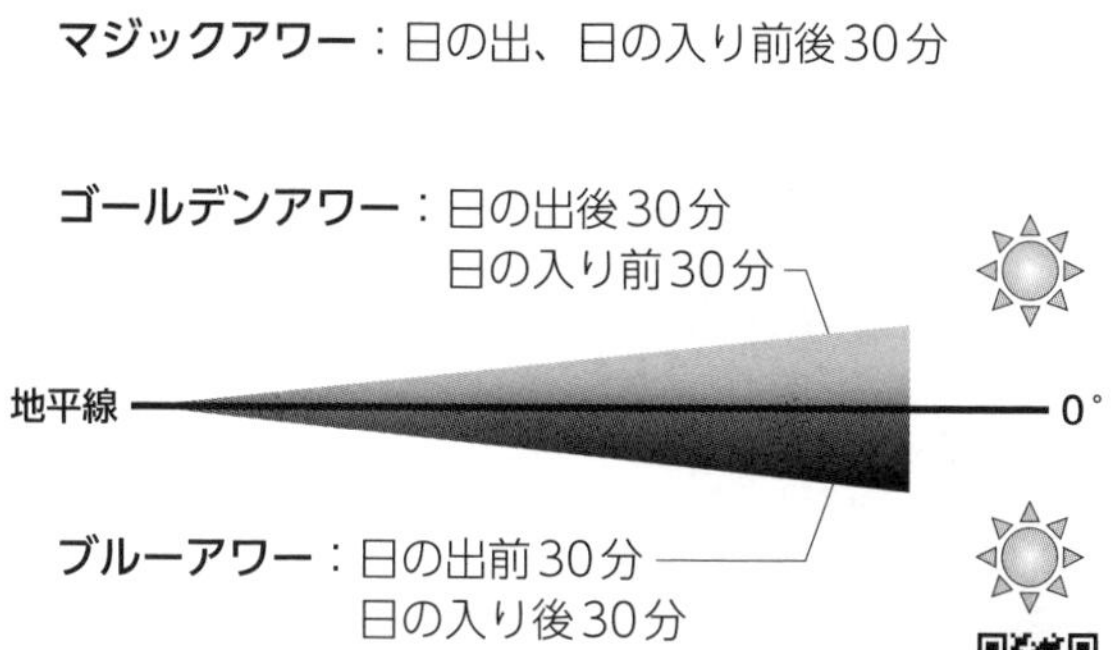

ルーアワー」と呼びます（図2）。

　それぞれ素敵な薄明の空を映し出しますが、私のおすすめはブルーアワーで、しかも**〝太陽とは逆方向〟**です。

　日の出や日の入りの時間帯は、つい動きがある太陽に注目してしまいますが、**快晴の日は太陽と反対側の空にも注目してみてください。**

　地平線近くには暗い部分と、その上にピンク色に染まる帯が観察できます。この地平線近くの暗い部分は**「地球影《ちきゅうえい》」**、その上に現われたピンクの帯が、**「ビーナスベルト」**です（口絵写真1）。

　地球の影にビーナス、すごいネーミングですよね。どうしてそのような光景に

図3　「地球影」「ビーナスベルト」のしくみ

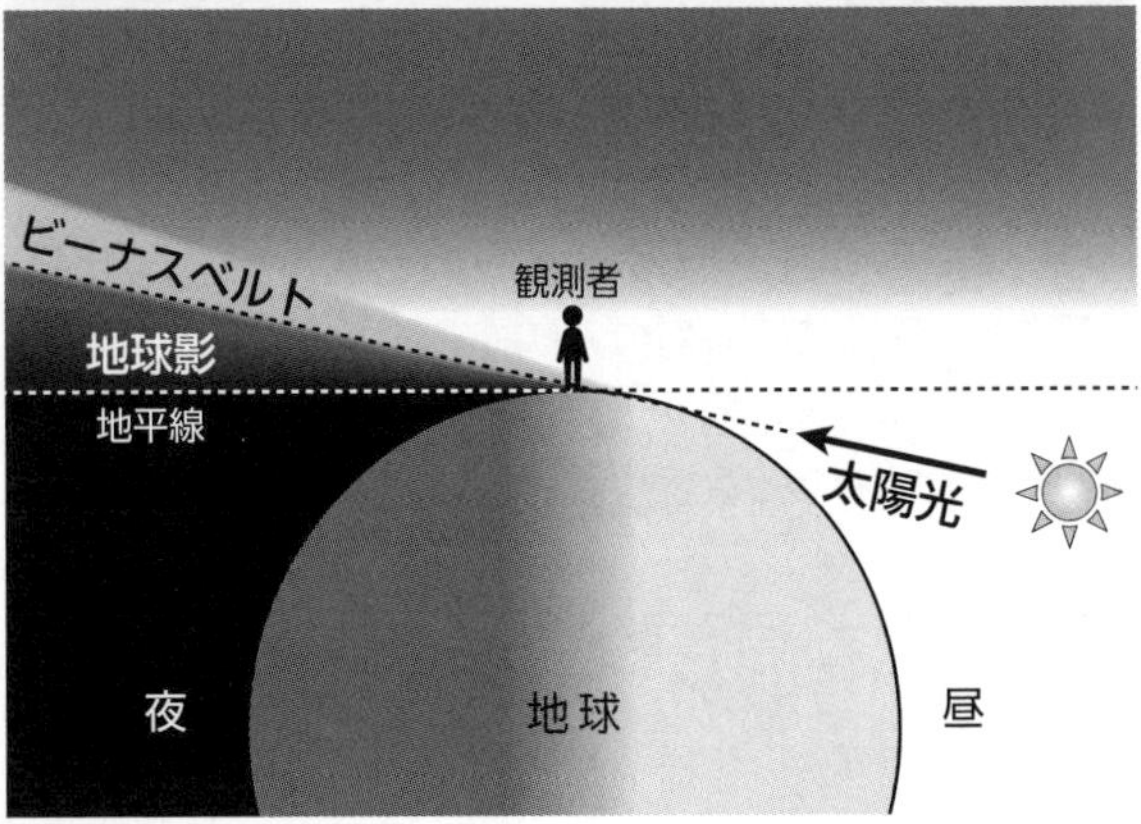

なるのでしょうか？

地球は丸いので、図3のように日の出前や日の入り後の太陽の光は地球にさえぎられて、反対側の地平線にまで届きません。それで、こんな地球の影やピンクの空が映し出されるというわけです。

地球影を広いところで観察すると、少し丸みを帯びています。地球が丸いことを証明してくれる風景です（口絵写真1）。

5歳児に怒られた虹のストーリー

私は90分間の大学の講義の中で、虹だけを解説した授業をしています。虹だけでそんな長時間もと思われそうですが、むしろ時間は足らなくなるくらいです。あの幻想的な虹の正体を解き明かすには、白い光の正体や水滴による光の屈折など、物理のメカニズムを知る必要があり、実に奥深いのです。

詳しい解説は第2章でしますが、ここでは虹の楽しみ方をお伝えしましょう。

①誰もが持っている「虹レーダー」

虹を見つけたかったら、そのメカニズムを知り、いつ、どこで出合えるかを理解しなければなりません。そんな大変なことはしたくないというあなたには、「全ての人が持っている虹レーダー」を教えましょう。

それは、**「自分の影」**です（24頁図4）。虹の発生条件には、いつも上空の水滴と思われがちですが、もっと重要なのは、**太陽の強い光**です。それは影ができるくらい強いほうがよく、さらに影は虹が発生する方向を指してくれています。

雨上がり、もしも自分の影を見つけたら、その自分の影のほうに向いて、見上げてみてください。きっと、目の前には大きな虹があります、たぶん。

ちなみに私は、2019年6月、NHKのバラエティー番組『チコちゃんに叱られ

図4　虹の見つけ方

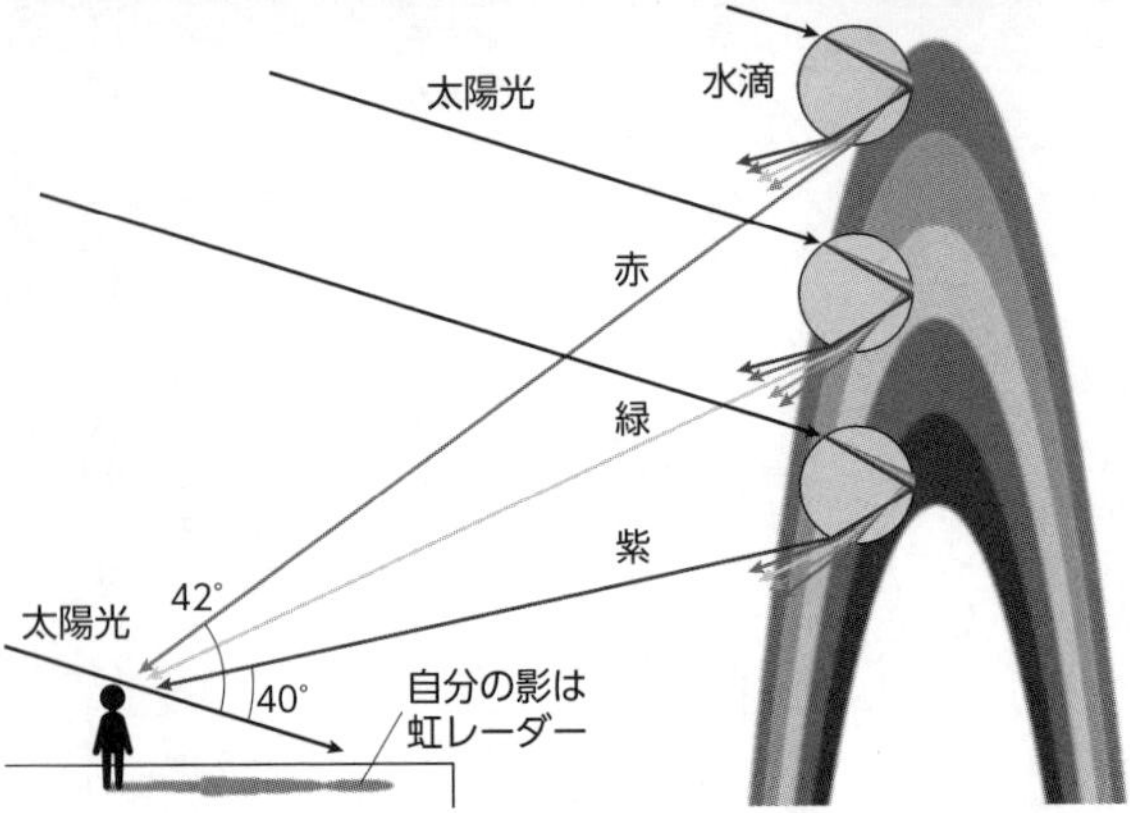

る！』で、虹をテーマにした回に出演し、虹の解説をしたことがあります。チコちゃんの言う「虹の見つけ方」はもっと素敵で……、

「雨の中で太陽が見えたら、太陽に向かって走れ！　そして雨を抜けたとき、振り返ればそこに虹が見えるだろう!!」

そして番組の中では、撮影スタッフが私の予測をもとに虹を探しまわるのですが、結局虹は見つからず、私は5歳児に叱られるはめになりました。

②虹に出合える「季節と時間」

虹が見える時間は決まっています。それは朝方と夕方です。

私の共同研究者で「空の探検家」武田康男さんによると、日本で虹が見える時間は日中でも、**春は朝8時半までで夕方は15時以降。夏は8時前までと16時以降。秋は10時までと13時以降**です。

また、虹が発生しやすい季節もあり、夏や秋はよく見えますが、晩秋から冬はほとんど現われないです。1年間を72等分した**「七十二候」**（第6章258頁）というものがあります。そのうちの第五十八候は「虹蔵不見《にじかくれてみえず》」で11月22～26日頃にあたります。この日以降、太陽光の高さが低く、上空の水滴も凍りだすので、虹が原理的には見えなくなります。そして、4月14～19日頃は第十五候「虹始見《にじはじめてあらわる》」で、虹が見え出すシーズンに入ります。

ちなみに前述のバラエティー番組は6月放送でしたが、大人の事情で虹を探す撮影は3月下旬から4月中旬でした。虹がみつけられなかったことの負け惜しみです。

③虹の外側と内側

虹の内側はどうなっているでしょうか？　反対に外側は？

口絵写真2のように、虹の内側は白く光り、外側は暗いです。詳しいメカニズムは

第2章で説明しますが、虹を見つけたとき、皆さんはその強烈に輝く帯にしか目が向かないと思います。でもそのとき、目の前にある空いっぱいのキャンバスには「明るい部分」と「暗い部分」が描かれていて、その**光と闇の境界のカラフルになっている部分だけを虹として見ているだけ**なのです。

口絵写真2には虹の外側にもうひとつの虹「副虹《ふくにじ》」が観測できます。副虹は、色の配列が虹（主虹《しゅにじ》）と反転しています。そして、主虹と副虹の間の狭い帯状の領域は、暗い帯の領域となっています。この暗い帯を**「アレキサンダーの暗帯《あんたい》」**と呼びます。これもすごいネーミングですよね。

④見えている虹はあなただけのもの

最後に、今見ているあなたの前に現われた虹は、**あなたにだけしか見えない特別な虹**ということをお伝えします。

虹のメカニズムを考えれば、あなたのすぐ隣にいる人でさえ、あなたが見ている虹とは違う虹を見ています。恋人同士で見た二人だけのあの日の虹も、実際には別々の虹を見ていたのです（図5）。

図5　同じ虹を見ているつもりでも……

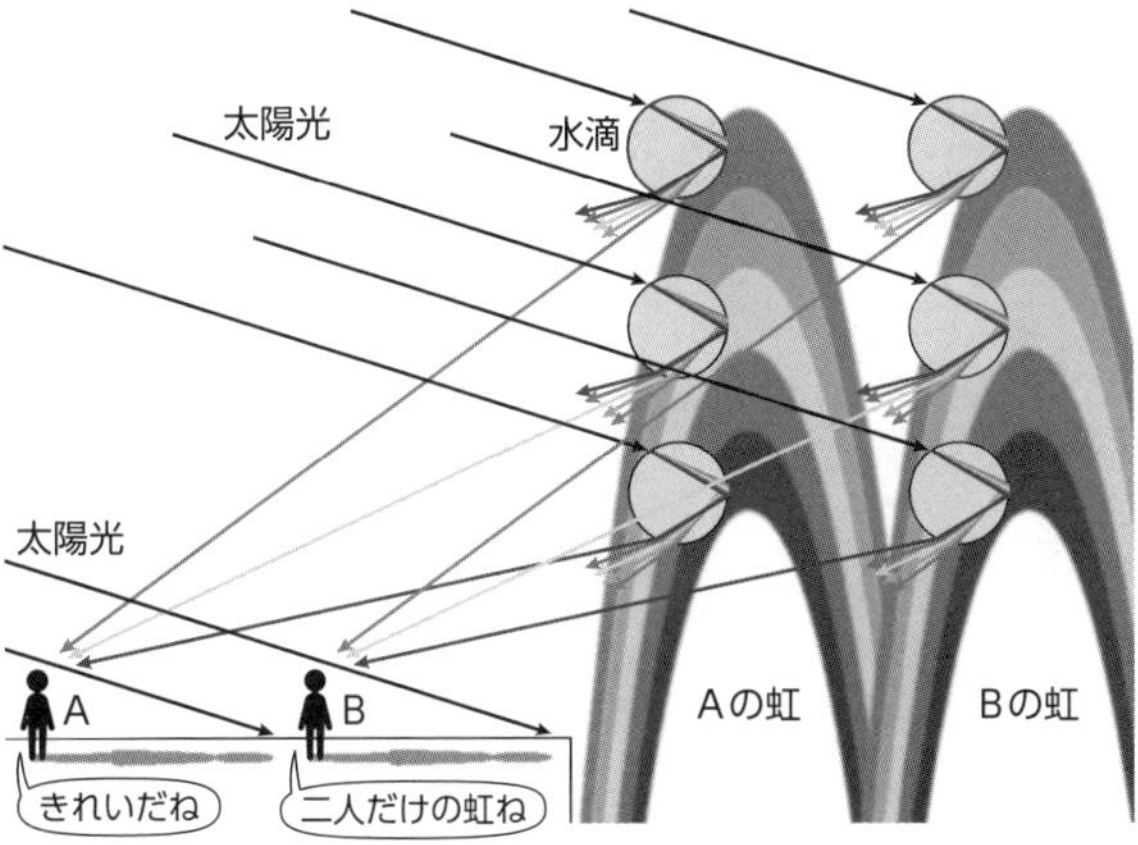

隣にいる人は、自分の目に映る光を出している水滴とは、違う水滴から出た光を見ている

皆さんがこれからもしも虹を見つけたなら、虹の外側と内側の明るさを確認してみてください。

さらに外側のもうひとつの虹まで見つけたのなら、色の配列が逆になっていることや、その間にある黒い帯をまわりの人に教えてあげてください。「あれはアレキサンダーの暗帯という現象だよ」と。

この知識は、まわりの人に教えること以外、人生において使う機会がありませんから。

Q虹クイズ：虹は動くでしょうか？

答えはこちら↓

2 「天気が変わらない世界」に住んだとしたら

私たちは、毎日天気がころころと変わる国に住んでいます。

「明日のピクニックは雨が降りそうだから中止にしようか？」「この週末は花見の予定だけど寒くなりそうかな？」と、予定帳と天気予報をにらめっこしながら過ごしている人も多いはずです。皆さんの中には、いっそのこと天気が毎日同じだったら、予定を立てるのがもっと楽なのに、なんて思ったことはないでしょうか？

もしも毎日の天気が変わらなければ、いったいどんな生活になるのでしょうか？

毎日が晴れの世界では？

世界には、**毎日ほぼ天気が変わらない場所**があります。

私は大学院生のときに、ゴビ砂漠で気象観測を1週間ほどしたことがあります（ロ絵写真3)。ゴビ砂漠は、中国とモンゴルの国境付近に広がる広大な乾燥地帯です。雨なんて年中ほとんど降りません。私は、砂漠の真ん中に気象観測装置を設定して、観測データの収集やメンテナンスをしていました。

まわりは見渡す限り砂と岩。「これぞ砂漠!」といわんばかりの風景。生き物はとても住めそうもない、花も草木も育たないような、過酷な環境でした。雨が全く降らないという世界は、こんな殺伐とした風景です。

雨が降らない砂漠では、雲もほとんどありません。全く雲がなくても、日本の快晴とは違って、砂が風で舞っているために上空は汚れているような、見通しの悪い空です。これが春先になると、砂はもっと上空まで舞い上がり、偏西風によって日本まで運ばれて、**「黄砂」**と呼ばれる現象をもたらします。

また、雲が発生しないことは気温にも影響します。昼は強い日射が直撃して灼熱の暑さ、夜は冷却が進んで凍えるほど寒くなります。昼と夜の寒暖差は30℃近くと、とても大きいのです。**雲は、暑さや寒さを抑える効果を持つ大切な存在**なのです(2章)。

ゴビ砂漠に滞在中は、観測サイトから車で2時間ほど走った湖に面した町のホテルに泊まっていました。その町に住む人たちに話を聞くと、傘は持っていないしそもそも売っていない。テレビをつけても天気予報はやっていないし関心もない、という日常のようです（1999年当時）。その町ではなぜかビリヤードがブームで、路上のいたるところにビリヤード台が乱雑に置いてありました。雨でビリヤード台が濡《ぬ》れる心配がないということでしょう。雨のない世界ならではの光景でした。

逆に、数カ月間は毎日雨という町にも滞在したことがあります。私が海洋研究開発機構で研究員をしていたときに、赤道直下にあるインドネシアのスマトラ島で気象観測のために1カ月半滞在しました。10月から11月はちょうど雨季。熱帯地方の雨季は、シトシトと降る雨と、ざっと降るスコールがあります。

もちろんこの雨季が観測目的なので研究は進みますが、毎日雨が続くとやっぱり気分は沈みがちです。観測をするとき以外は、ずっと室内にいて時間と体力をもてあましていました。

一年中夏の世界では？

日本では、一年を通して季節が移りかわります（第3章）。寒くなればコートを引っ張り出し、暑くなれば半袖で過ごす。衣替えは面倒ですし、夏服と冬服の両方を用意するのはお金がかかります。一年中同じ季節だったら楽でいいなあ……なんて思う人も多いはず。

私は2年半、ハワイ大学に勤めたことがあり、ホノルル市で暮らしていました。一年のうちに多少は温度変化がありますが、それでも常夏の島、一年中半袖と半ズボンといういつも同じスタイルで暮らしていました。ちなみにクリスマスの日のサンタクロースの大きなモニュメントも、半袖半ズボン、サングラスでした。毎日同じような格好でいいのだから、服装にあまり頓着しなくなりました。もちろんお金はかからず、楽な反面、気温に合わせて服を考える楽しみがなくなってしまいました。

またハワイでは、一年を通してまわりの風景が変わることがありません。それぞれの季節に応じて花は咲いたり散ったりするから美しいのですが、年中同じ季節になると、そのような変化はほとんど感じられません。

四季折々の景色を持つ日本はとっても素晴らしい国だ、と心から感じたのは、ハワイに住んでいたときでした。

3 雨にまつわる素朴なギモン

飛行機の窓から外を見下ろすと、雲のじゅうたんが広がっています。私は、ドラえもんの秘密道具「雲かためガス」が開発されて、それを使って雲を固めて、フワフワの雲の上で昼寝ができたら幸せだろうな、とよく妄想しています。

でも実際に、雲の上に飛び降りたらどうなるのでしょうか？

雲の中に入ったら？

長編アニメーション映画『天空の城ラピュタ』では、飛行船は〝バフッ〟という大きな音を立て、水面に入るように雲をまきちらして雲に入ります。飛行機が雲に入るとき、本当にあのような音がするのでしょうか？

答えはＮＯです。雲の中に入るときには、何の音もしません。

皆さんは、雲の中に入ったことはなくても、霧の中を歩いた経験があるのではないでしょうか。霧に入る状況は、雲に入る状況と同じです。なぜなら、**霧は地面に接している雲**だからです。霧に入る瞬間に〝バフッ〟という音はしませんよね？

霧も雲も**「水の粒」**です。雨の粒と違ってサイズが小さく、軽いので落下していません。ふわふわと浮遊している水の粒にぶつかったとしても、大きな音を立てるようなことはありません。

濃い霧の中にいると、少し先も全く見えなくなるほど、真っ白な空間が広がっています。霧のない空間から霧の空間に入るときは、白い霧の壁を突き抜けて入るわけではありません。霧の空間に近づくと、さっきまで霧がないクリアだった周囲が、ぼんやりと白くなっていきます。そしてもっと近づくと、どんどん周りが白くなり、やがて濃い霧の中となります。つまり霧の白い世界は、薄い所から濃い所へと連続的に変わるのです。

雲も同じで、雲のある空間と雲ではない空間の間に、はっきりとした壁はありません。遠くから見ると雲の輪郭がわかるので、まるで壁があるように感じますが、近づくとそうではないのです。雲の空間に近づくと、ぼんやりと白くなり、もっと近づくと真っ白の空間に入ることになります。

霧も雲も、水や氷の粒です。その小さな粒に太陽光が当たると、**「散乱」**という現象が起こり、ぼんやりと白く見えます。詳しくは第2章で説明しますが、この散乱は、**その光を見る人に正しい距離をわかりにくくさせる**、という特徴があります。

つまり、「ぼんやりした白い世界」が連続的に変わるのは、見ている私たちが、その白い光が目に届くまでの距離をちゃんとつかめていないから生じるのです。

雲と雨の違いは？

雲も雨も正体は「水」です。雲は高度1000mから7000mくらいの比較的低い空でできることが多いですが、もっと高度の高いところにできる雲もあります。

たとえば**「すじ雲」**と呼ばれる、見た目は薄い雲です。高度が高いところは、気温が0℃を下回るので、雲の粒は凍っています。そして、水は地上を起源としているので、**上空ほど雲をつくる水は不足していて、薄い雲ができやすい**のです。

雲の粒は、まだ小さくて軽いために落ちてきません。わずかな上昇気流も手伝って、ふわふわと浮かんだままでいられるのです。

しかし、**雲の中で、水の粒同士がぶつかって合わさることで、次第に大きな粒になっていきます。それが雨粒です。**

雨が当たる窓を観察すると、雨粒に成長するような現象を確認できます。窓ガラスに雨のしずくがつくと、最初はゆっくりと窓ガラスを伝って落ちていきます。そして、落ちた先の他のしずくに触れ、くっついて大きなしずくになります。大きくなったしずくは重くなり、落下する速度を速めて、落ちていきます。しずくは落ちながら、まわりのまだ落ち切れていない水滴を吸収するので、どんどん大きくなります。これと同じように、雲の中ではまわりの雲の粒と合わさって大きくなり、やがて雨になります。

口絵写真4のように、雲の下の雲底《うんてい》から〝複数の筋〟が見えるときがあります。**「尾流雲《びりゅううん》」と呼ばれるもので、雲の一部が雨粒となって落下している様子です。**地面に到達していないのは、その雨は途中で蒸発しているからです。もしもこの筋が地上まで到達すれば、**「降水雲《こうすいうん》」**と呼ばれて、地上では雨になります。

このように、空に浮かんでいる雲の全てが雨になるわけではありません。雨にならない雲は、いずれ蒸発して消滅します。

ちなみに雨粒はどんな形をしているかご存じですか？

イラストやキャラクターで出てくる雨粒は、しもぶくれの形でかわいらしく描かれていますが、実はもっと横方向につぶれたお餅のような形です。

図6　雨が落ちてくるスピードは？

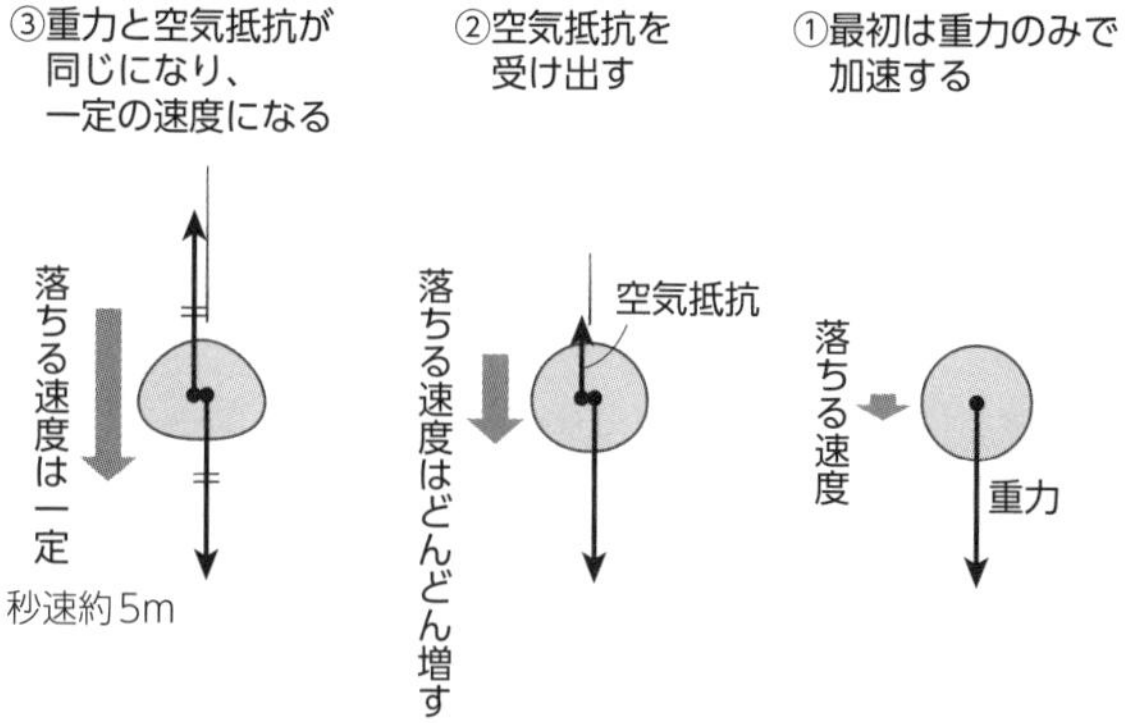
①最初は重力のみで加速する
落ちる速度
重力
②空気抵抗を受け出す
空気抵抗
落ちる速度はどんどん増す
③重力と空気抵抗が同じになり、一定の速度になる
落ちる速度は一定
秒速約5m

雨粒はもともと球形ですが、落ちるときに下から空気の抵抗を受けて、平べったく変形するのです（39頁図7）。このありのままの姿でイラストやキャラクターにしても、きっとかわいくないでしょう。

雨が地上に落ちるまでの時間はどのくらい？

物体は重力によって落下します。雨も、重力によって落下しているわけですが、物理学で習うように、重力によってどんどん加速するフリーフォールではありません。

現実の雨粒は、図6のように、**下向きに重力を受けるだけでなく、同時に上向きに**

空気による抵抗力を受けます。そのうち両方の力は同じになり、向きが反対のために釣り合います。そうすると、落下速度の加速は止まり、一定の速さで落下するようになります。その**最終的な速度を、雨の「終端速度《しゅうたんそくど》」**と呼びます。終端速度は、雨粒が大きいほど速く、小さいほど遅いです。

雨のサイズ（直径）が0・5㎜の細かい雨であれば、秒速2・2m。直径1㎜の大きさで秒速6・2m。直径3㎜の強い雨にもなると秒速7～8mというスピードで落ちます。もちろん、風の影響を受けたりすると変わってきます。

この速度がわかると、雨が雲から落ちだして、地上まで到達する時間が計算できます。

もしも雨雲の雲底が高度3000mで、落下する終端速度が秒速5mであれば、600秒、つまり10分です。このように、**雨は地上に到達するまで、だいたい5分から20分程度はかかる**計算になります。

雨が降ってきたと思って見上げると、そこには雲がないこともあります。**「天気雨」**、地方によっては**「狐《きつね》の嫁入り」**と呼ばれたりします。

雨の到達時間が10分程度あれば、地上に落ちてきたころに、もともとあった雲がな

図7　雨にまつわる誤解

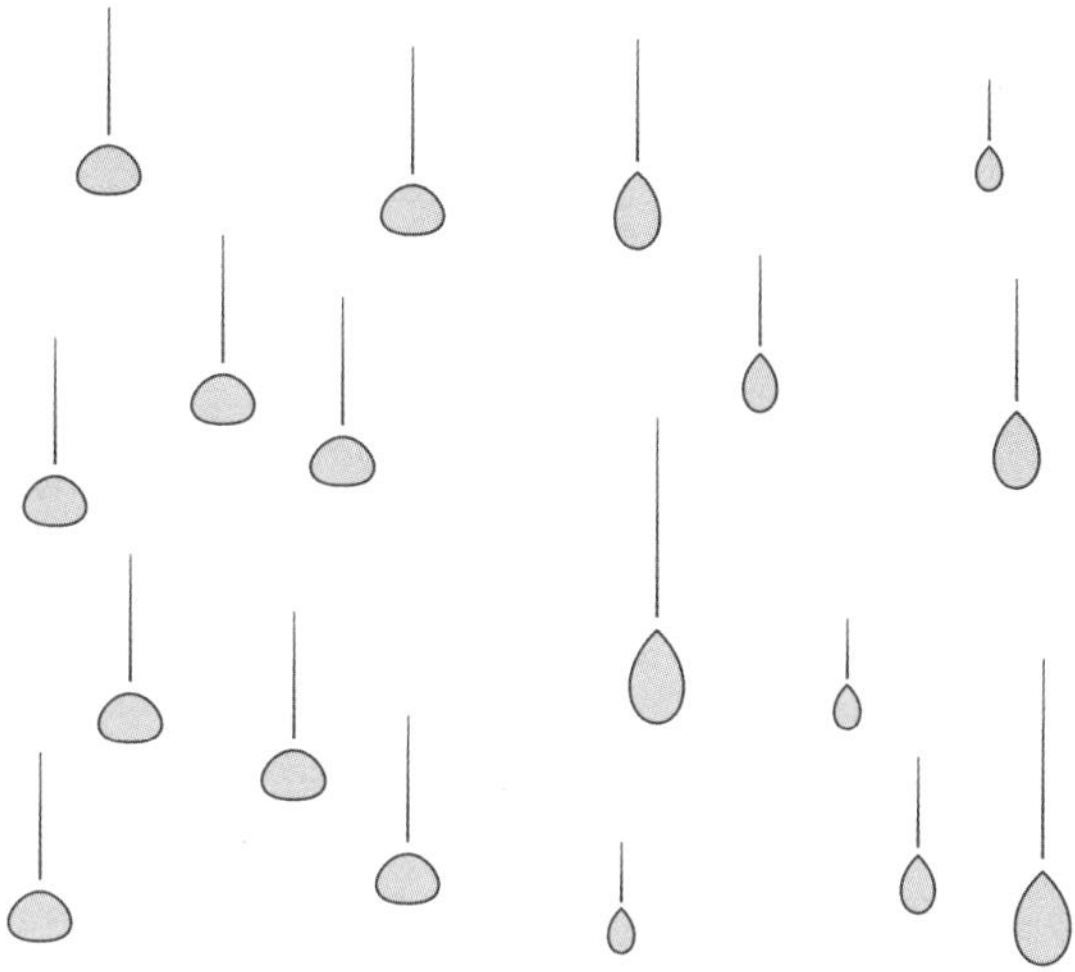

雨の本当の姿

○雨の粒はおもちの形

○同じ日の雨であれば雨のサイズは全部ほぼ同じ

○同じ日の雨は落下する速度もほぼ同じ

間違った雨のイメージ

×キャラクターのような下ぶくれ

×雨のサイズが違う

×雨の落下する速度がばらばら

くなることも可能ということです。

「1時間に100ミリ」ってどれくらいの雨？

「○○地方で、1時間に100ミリの雨が降りました」と、ニュースで流れてくるのを耳にします。この数字の後に出てくる「ミリ」は、なんでしょうか？

さらに、「1時間に100ミリ」と聞いて、猛烈な雨なのかどうなのか、皆さんは想像できますか？

ミリはそれ自体に単位のような意味はなく、別の基礎となる単位にくっついて使われて、その単位の1000分の1になることを表わしています。

たとえば、重さの単位である「ミリグラム（mg）」のミリは、グラムの単位にくっつき、その数字の1000分の1になることを示します。

では、降水量はどんな単位で表わされるのでしょうか？

答えは**「メートル（m）」**です。水の量であればグラム（g）やリットル（ℓ）で表わすのがふつうですが、降水量の場合は長さで表わします。

図8　コップの大きさは降水量と関係ない

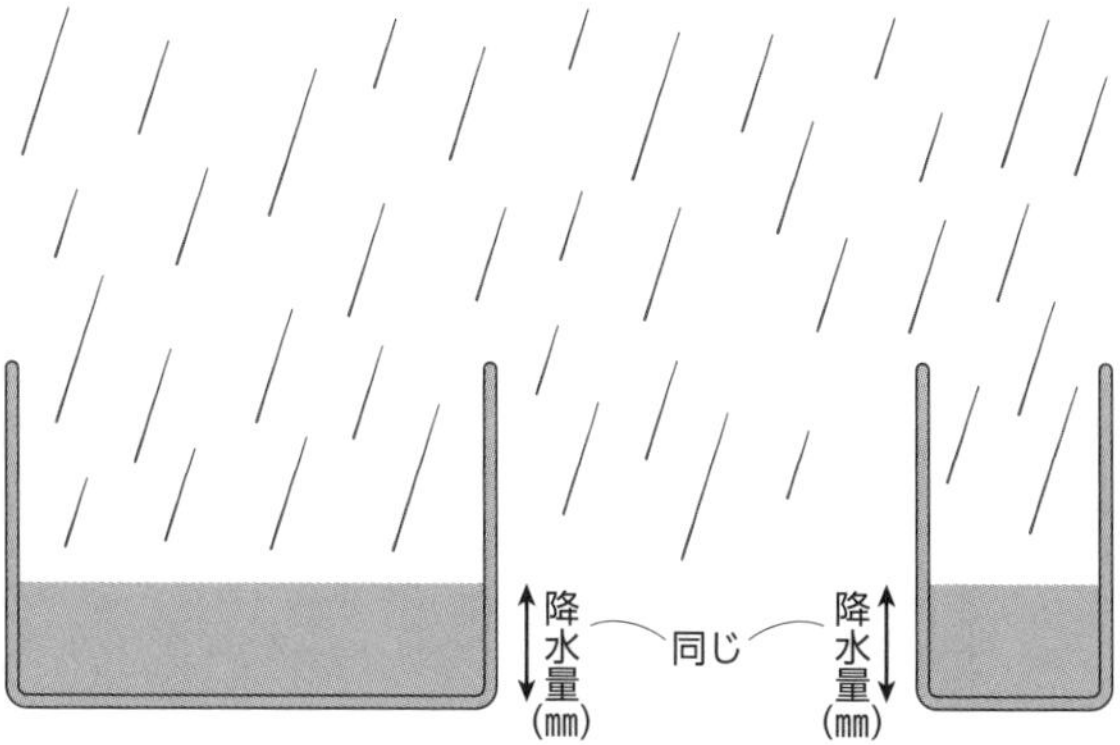

単位の理解のために、降水の観測を説明します。

簡単に言えば、外にコップを置いて、上から降る雨を溜めます。そして、**ある一定の時間に雨水がどのくらい溜まったか、その深さが降水量となります。**深さなので、単位は長さになります。

ここでのコップの大きさは、理論上は降水量に関係ありません。柱状（上から下まで同じ大きさ）であれば、受け口が大きい洗面器でも、小さいコップでも、同じ雨の観測をしたら降水量は同じになるはずです。図8のように、洗面器だと雨粒はたくさん入りますが、水深が深くなるには、それだけ多くの水が必要です。細いコップだと、雨水は入りにくくなりますが、少しの水で水深は深くなるからです。

とはいっても、各観測地点で使っているコップがバラバラなのも問題で、普通は同じものを使います。たとえば気象庁の降水量の観測に使われる雨量計は、各観測地点で口径20㎝に統一されています。

それでは、年間の降水量はだいたいどのくらいになるのでしょうか。

これは、年によって違うし、場所によっても大きく異なりますが、**日本全体の平均は約1700㎜くらいです**。これは1・7mで、ちょうど成人男性の平均身長くらいになります。もしも、元旦にコップをおいて大晦日まで雨水を溜め続けると、蒸発が起きないとした場合の雨水の深さは、男性の身長までに達しているわけです。

ここまで知ると、降水量から雨の降り具合が想像できるようになります。

たとえば冒頭の「1時間に100ミリ」だと、コップに雨水が10㎝溜まることを意味します。平均で1年間かけてやっと身長くらいまで水が溜まるのに、たった1時間でくるぶしくらいまで溜まるということは、相当ハイペースで雨水が溜まる「大雨」のイメージが湧いてきます。

図9　日の出入りと南中（東京の場合）

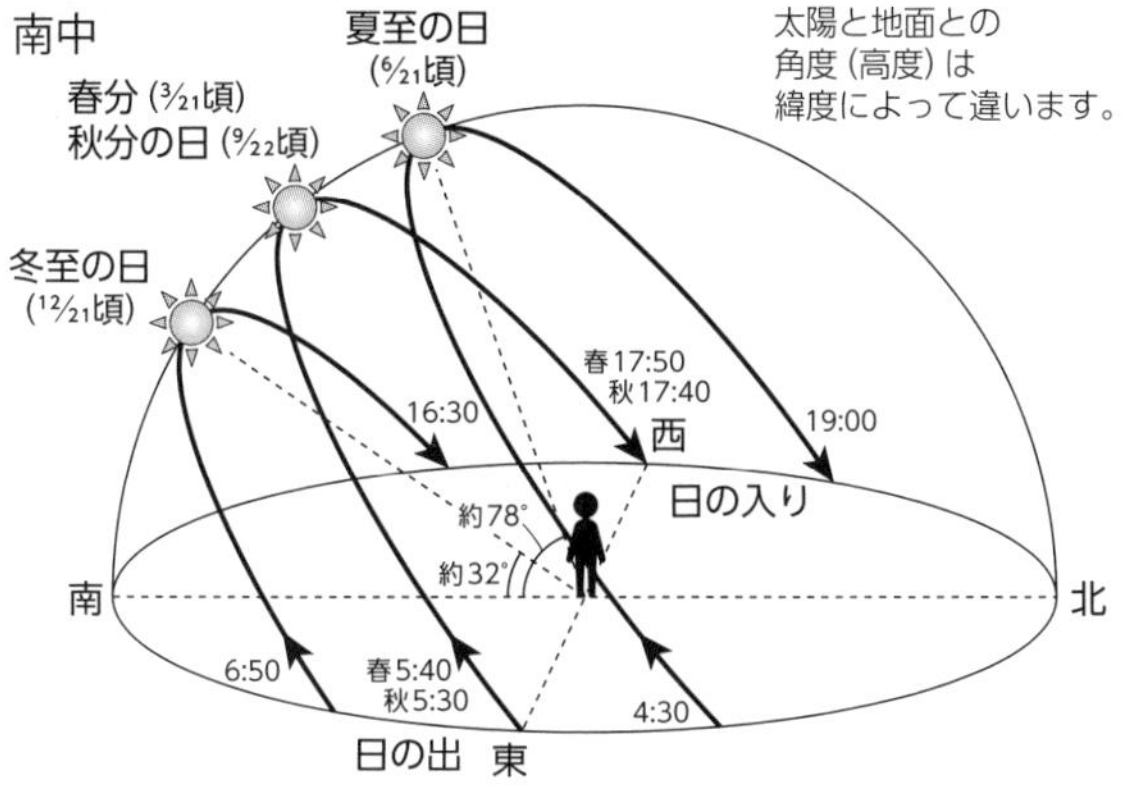

4 空からこぼれたストーリー

南中はいつも正午はウソ

太陽は、東から昇って西に沈みます。太陽は正午にもっとも高くなり、それを**「南中」**と呼びます。季節によって日の出と日の入りの場所は変わり、日の出時刻と日の入り時刻も変わります（図9）。

そして、南中の時刻は正午で変わらない……と、皆さんは思っていませんか？

研究室では、このような研究をしてみ

図10　アナレンマ

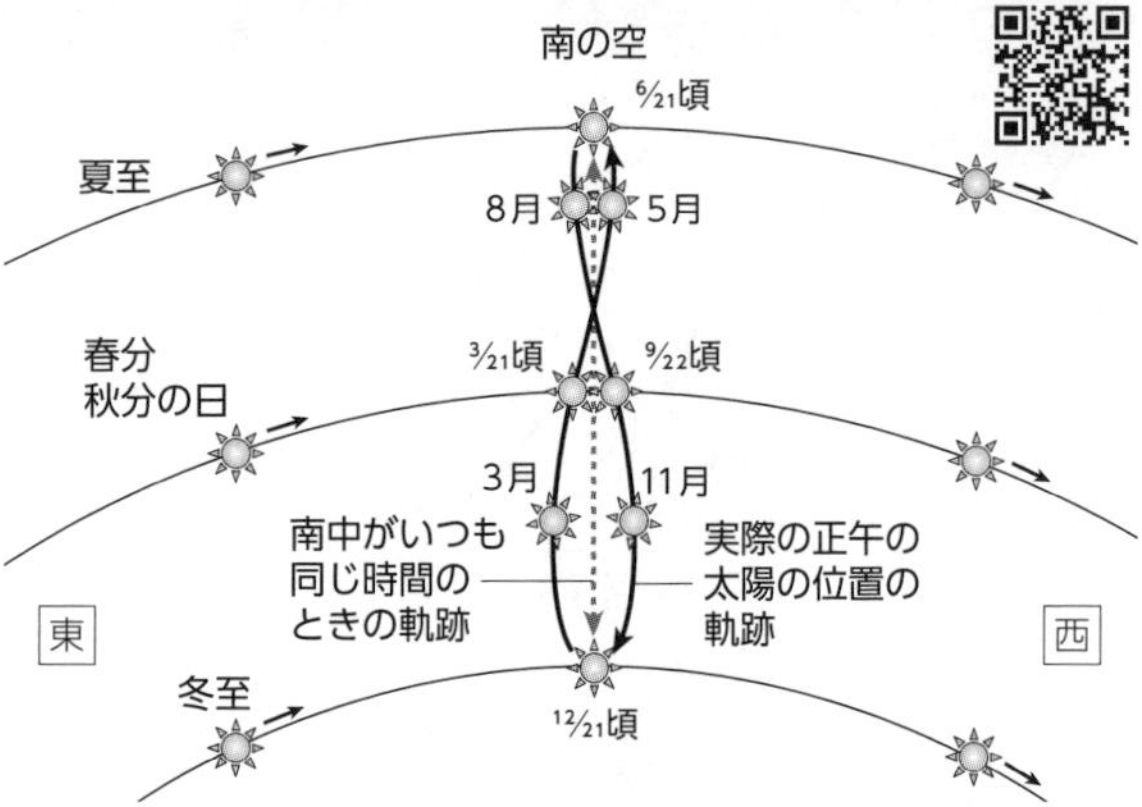

ました。いつも同じ場所で正午ぴったりに南の空の写真を撮り、1年間続けてその太陽の位置をつなげてみます。すると、太陽は真南の一番高いときもあれば、それよりも東に寄ったり、西に寄ったりします。1年間を通して正午の太陽の位置をつなげると、夏至で一番高く冬至で低くなりますが、その軌跡は直線ではなく、なんと8の字を描きました（図10）。

つまり、**真南に太陽がくる時刻というのはいつも違っている**ことを指します。

この正午の太陽の位置を結ぶと8の字に描かれることを、**「アナレンマ」**といいます。南中時刻はいつも同じではなく、観察場所によって違いますが、だいたい11時45

図11　南中時刻が変化する理由

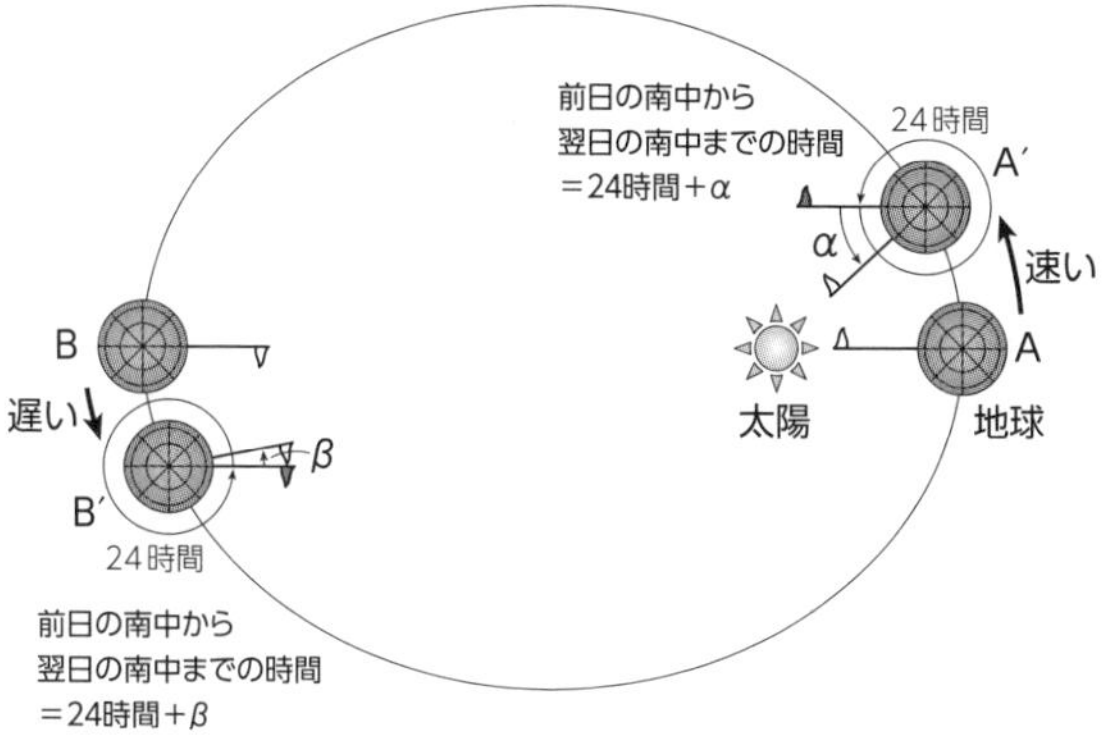

分から12時15分まで幅があります。

これは、**公転軌道がだ円であることと、地球の自転の速度は一定でも、太陽のまわりをまわる公転の速度が異なることが主な原因で起きます。**

図11を使って解説します。自転速度はきっちり24時間と仮定して、公転速度は図の中ではオーバーに記しています。

その24時間で、地球が「A」から公転により「A′」まで移動したとします。同時に自転もしているので、旗の位置は1周して同じ方向に戻ります。旗が太陽を真上に指すためには、さらにアルファという時間を要します。つまり、前の日の南中から、次の日の南中までかかった時間は、24時間とアルファを足した時間です。

同様に「B」に地球があるときを考えます。公転する速度は地球の位置によって違うことがわかっています（**ケプラーの法則**）。

理解しやすいように差をつけて、公転により24時間でBから「B′」まで移動したとします。そして自転する地球の旗が再び太陽を指す時間はベータを足さなければなりません。この「A」と「B」の太陽の位置で、アルファとベータが違ってくることがポイントです。これが毎回、前の日から次の日の南中までかかる時間が同じでなくなる理由です。

少し難しかったかもしれませんが、これまで常識と思われていた「南中はいつも同じ時間で正午」だというのは、正確に言えば間違いなのです。

立春の春は日本の春ではない

「今日は立春、暦の上では今日から春になります」「今日は処暑、そろそろ暑さも終わります」……しばしば天気予報の番組で冒頭に流れるフレーズです。そしてお天気キャスターはきまって、「暦の上では春ですが、今日はまだ寒い」だとか「暦と違って暑い」などと、暦とその日の天気や気温がズレていることに触れます。

この暦とのズレは、その日の天気が異常ということになるのでしょうか？

この暦とは、「二十四節気」と呼ばれるものです。他にも、大寒や大暑など、皆さんも聞いたことがあるのではないでしょうか。

二十四節気は、1年間を24等分して季節の名前をつけて、「太陰暦」に当てはめていったものです。現在の暦が太陽暦で、太陰暦は江戸時代が終わるまで使われていた旧暦です。二十四節気は太陽の通り道を基準にしているので、本当は極めて科学的につくられた暦です。

しかし、実際の季節とズレる原因はわかっています。二十四節気でついている季節を示す名前は、**日本の季節を反映したものではない**からです。

お天気キャスターの草分け的存在の石井和子さんの著書によると、「二十四節気のそれぞれの名前は紀元前の中国の華北地方の気候に合わせてつけられた」と記されています。華北地方は北海道あたりの緯度と同じなので、どうしても本州や九州の気候とはズレます。また、中国大陸と島国の日本とは、季節変化の様子も違います。日本に二十四節気が伝わってきて、**季節のズレに人々は違和感を持ちながらも、使われ続けて現在に至る**わけです。日本の気候を表わすのに適しているのは、虹の話で出てきた「七十二候」です。詳しくは第6章で紹介します。

ちなみに前述の立春は2月4日ごろ、処暑は8月23日ごろです。ズレてますね。

「美しい夕焼け」の皮肉な理由

空の名場面としてご紹介した夕焼けと朝焼け。しかしよく観察すると、夕焼けの方が、朝焼けよりも**赤色が強く**、空は燃えています。空が赤色になるメカニズムは第2章70頁で詳しく説明しています。しかし、それだけでは夕焼けと朝焼けの違いは説明できていません。

この謎を解く鍵は、**空の汚れ**です。人間の活動が活発になると、空気は汚れていきます。汚れた空気は上昇して空を汚します。すると、太陽光の散乱や減衰（68頁）の効果が高まり、空は、それはそれは鮮やかな色に染まるわけです。

昼過ぎから夕方にかけて空は一番汚れていて、朝方が一番きれいです。ですので、空がきれいな朝よりも、空が汚れている夕方の方が赤色に染まるわけです。「今日の夕焼けきれいね！」の裏側には、人間の活動で汚した空も原因という皮肉がかくれているわけです。

天気に関する「言い伝え」は科学的に説明できる？

今のような高度な科学技術を持っていない古《いにしえ》の人々は、それぞれの地域で空や生物の動きを観測して、未来に起きる天気や気候を予測してきました。それを**「観天望気《かんてんぼうき》」**といいます。この観天望気から、天気に関わることわざや言い伝えが生まれました。「天気俚諺《てんきりげん》」と呼んだりもします。たとえば、こんなものが挙げられます。

- 朝焼けは雨、夕焼けは晴れ
- ツバメが低く飛んだら雨
- カエルが鳴いたら雨
- 太陽や月に暈《かさ》（光の丸い輪）がかかると天気は下り坂

これらの言い伝えは実によく当たるので、昔から長く言い伝えられてきたことは決して侮れないのだと実感します。

実はそのことわざや天気俚諺の多くは、気象学や生物学などの科学で説明できます。たとえば**「ツバメが低く飛んだら雨」**ということわざについては、ツバメがエサにする小さい虫は、天気が下り坂になると湿気で羽が重くなって低く飛ぶので、ツバメも餌をとりに低く飛ぶことが原因だといわれています。

では**「雨男」「晴れ女」**はどうでしょうか。読者の中には、「いつも大事なときは雨が降るので、私は雨男です」と自覚している人もいらっしゃるのではないでしょうか。

これに関しては全く科学的な裏づけはありません。**「特異日」**と同じようなものです。特異日とは、気象学的な原因ははっきりしないけれど、毎年「なぜかこの日は晴れやすい」など、**特定の気象状態が出現しやすい日**のことをいいます。

たとえば「4月6日、23日、24日は寒の戻りの特異日」「9月17日は台風の特異日」などが挙げられます。

天気予報ヒストリー――観天望気から軍事機密へ

昔の人はもっぱら「観天望気」で天気予報をしてきました。農林水産業では天気を予想することは収穫量や漁獲量を知るために欠かせないものでした。今ではすっかり春のレジャーになってしまいましたが、**もともとは花見もその年が豊作かどうか、収穫時期はいつ頃になりそうか、「長期予報」としての側面があった**のです。

そのような文化が日本では長らく続きましたが、ヨーロッパでは17世紀ごろには気圧計や温度計が発明され、19世紀中ごろには天気予報が行なわれるようになりました。日本でも明治時代になってようやく海外から技術者を呼び、天気予報が行なわれるようになったのです。20世紀にはラジオで天気予報が流されて、一般市民にも広まっていきます。

しかし、1941年になると、天気予報の情報提供は中止されることになりました。第二次世界大戦中で、天気予報は軍の機密事項に変わったためです。再び人々は「観天望気」を強いられることになります。

この時期、天気予報の情報が市民に伝わらなかったので、気象災害で命を落とす人が増えたそうです。たとえば、1942年の8月には九州に上陸した台風（周防灘《すおうなだ》台風・第5章211頁）によって、多数の死者・行方不明者が出ました。これも天気予報が住民に伝わらなかったため、十分な対策が取れずに災害に巻き込まれてしまったそうです。戦争が起きるということは、このように間接的にも人々の大切な命を奪うことでもあるのです。

一方で、現在気象観測に使っているレーダーの技術も、第二次世界大戦中に発展しました。飛行機や船を使って戦争を行なうときには、レーダーが欠かせないからです。

太平洋戦争が終わると、ようやく市民が天気予報を知ることのできる日々が戻ってきます。今では全国約1300カ所で気温や風向風速、降水量などを観測し、レーダーで雨の強さや降っている場所を観測し、気象衛星で宇宙から雲の写真を撮影して、それらのデータをもとに天気予報をつくっています。

ちなみに、現在の天気予報では、スーパーコンピューターによる「数値予報」がメインコアです。**日本の気象庁で数値予報がはじまったのは1959年、世界的に見てもアメリカに次いで2番目の早さ**でした。

気象データはビジネスも制す

昔から、農林水産業は天気と切っても切れない関係にあることはよく知られてきました。しかし、一見天気と関係なさそうな製造業や小売業、サービス業も、実は天気と密接に関わっています。

気温が下がればホット飲料が売れ、コンビニではおでんが売れるようになります。逆に気温が上がればアイスクリームが売れ、携帯用の扇風機も売れます。雨の日は店に足を運ぶお客さんが減り、家でテレビを観る人が増えます。

今、気象庁と産業界が手を組み、気象データをビジネスに活かす取り組みを進めています。産学官が連携して気象ビジネスを推進するために設立された**「気象ビジネス推進コンソーシアム」**です。IoT（Internet of Things）やAI（Artificial Intelligence）等の技術の進展により、幅広い産業において気象データを利用した生産性の向上が見込まれています。ここでは、先進的なビジネスモデルの創出や、新しい気象情報の活用が進められています。

「低気圧が近づくと頭が痛くなる」のはなぜ？

「低気圧が近づいているせいか、どうも頭が痛い」と言っている人はまわりにいませんか？　実は、これは決して気のせいではなく、「気象病」と呼ばれている、れっきとした病気です。

私たちの体には、**気温や気圧が変化しても体を一定に保つような仕組み**があります。それをコントロールしているのが自律神経で、体を緊張状態にする交感神経と、体の緊張をゆるませる副交感神経のどちらかが活発に働いています。しかし、この**自律神経の働きがうまくいかないと、低気圧が近づいたときに頭が痛くなったり、だるさやめまいを感じたりしやすくなる**のです。

標高の高い場所でも気圧は下がります。皆さんの中には、高地で気分が悪くなったことがある人も多いのではないでしょうか。いわゆる「高山病」です。頭痛や吐き気を訴え、ひどくなると呼吸困難に陥り、昏睡状態から死に至ることもあります。

標高の高い場所は気圧が低く、それにともなって酸素の濃度が低くなります。ゆっくりと登れば、体は赤血球の数やヘモグロビンの濃度を上げて徐々にその状態に順応することができますが、**急いで登ると体は酸素濃度の変化に耐えられず、低酸素状態になります。**簡単に言えば、地上にいるときと同じように呼吸をして体に酸素を取り入れようとして、十分な酸素を取り入れられない、という状況です。

私は大学院生のころ、約2カ月、チベット高原で気象観測をしていました。チベット高原は標高約５０００ｍで、空気はとても薄くなります。毎日、血中酸素濃度計を使って自分や観測メンバーの血液中の酸素濃度を測定していました。平地で測定したときの正常値は95％程度なのですが、チベット高原にいるときは80～70％程度でした。寝ていても息苦しくて起きることもあり、そのようなときは大きく深呼吸をして、意識的に体に酸素を取り入れるように心がけたものです。

この過酷な状態を利用して、マラソン選手が高地トレーニングを行なうこともあります。高地でトレーニングすると体内が高地に順応し、その後、低地で走るときに酸素の運搬能力や筋肉の酸素を消費する能力が上がるため、アスリートのパフォーマンスが上がるのです。

コラム
「そらの研究室」より

◎「気象学」はすごい！

私は大学時代に筆保研究室で学びましたが、毎日 16 時に屋上で行なう「空観測」が好きでした。筆保先生の講義で雲の分類やその発生メカニズムを理解すると、屋上で見える空の景色が変わっていく実感がありました。「気象学って面白い！」——身近なのにスケールが大きい気象学を学び続けたくて、民間気象情報会社の「株式会社ウェザーニューズ」に入社しました。

ウェザーニューズは「航海」「航空」「陸上」「環境」「モバイル・インターネット」「放送」「スポーツ」などと多様な分野において、気象予報に基づく業務支援・気象コンテンツ提供サービスを行なっています。そのひとつに「鉄道気象」があります。鉄道事業者が、安全性を確保しながら定時運行を実現するためには、路線沿いの気象状況の変化及び最新情報を的確に得られることが重要です。過去の災害などと気象の関係を分析・解析し、沿線や規制区間ごとの最適な列車運行計画の策定を支援しています。昨今よく聞く台風襲来時の「計画運休判断」がその一例で、台風が強力化する中でますますその役割が重要になってきています。

また身近なところで言えば「流通気象」があります。顧客対象はコンビニエンスストアやスーパーなどです。夏はアイスが売れ、冬はおでんが食べたくなるように「気象」と「消費者嗜好」との関係や商品の販売特性を分析し、発注量の最適化を図ります。顧客のチャンスロス、廃棄ロスなどの軽減を支援しています。

このように幅広い分野にわたって世の中に貢献できる。働いてから、気象学は「面白い」から「すごい」に変わりました。このような学問、なかなか他にはないのではないでしょうか。

株式会社ウェザーニューズ　北内達也（第 2 期生）

コラム
「そらの研究室」より

◎世の中に送り出した研究「台風ソラグラム」

台風がどのコースをたどったら、自分が住んでいる街では強風が吹くのか――。私は、こんな情報を画像で知ることができる台風のハザードマップ「台風ソラグラム」を研究室で開発しました。

振り返ると、その挑戦は2011年にはじまりました。故郷和歌山が台風12号により甚大な被害を受けたのです。これを機に、「台風を学び、減災に貢献したい」という気持ちが芽生えました。その後、筆保研究室に所属し、台風の研究に邁進します。

災害リスクを評価するためには、台風に伴う風雨のデータが必要です。私たちは台風位置を少しずつシフトしてシミュレートする方法で、異なる経路を有する約1000個の台風を再現し、膨大な風雨のデータを得ました。続いて、データをもとに台風経路と風雨の関係を調べました。さらに、より効果的なリスク評価方法への改良と防災情報としての精度検証を繰り返しました。

そして、学会で研究を発表しているとき、モバイルコンテンツを配信している（株）エムティーアイの担当者より、成果を台風防災情報「台風ソラグラム」として公開する提案を受けました。それは、目指していた山頂が見えた瞬間でした。

現在は、研究開発に力を入れている気象会社「ウェザーマップ」で働いています。研究成果を防災情報という形で世へ送り出した経験は、研究開発を進める今、大きな自信となっています。

株式会社ウェザーマップ　山崎聖太（第４期生）

「台風ソラグラム」の見方：①スマートフォンで「ライフレンジャー天気」と検索、②ライフレンジャーの左上「メニュー」アイコンから「防災・備え」の「台風ソラグラム」を選択。

コラム
「そらの研究室」より

◎机上の「空」論

年季の入った丸い水槽に、まるで町工場の職人のように慣れた手付きでアルミの粉を振り落とす女子学生。刻々とデータが更新されるディスプレイの下にはノコギリが転がり、木くずとペンキの匂いが混ざったその部屋の片隅では、最新の AI を用いてコンピュータが膨大な観測結果を処理している――実はこれらすべてが、「そら」に関係した研究。デジタルとアナログ、理系も文系も入り交じる不思議な空間、Team SORA こと筆保研究室の風景です。当時 37 歳、保育園の先生をしていた私もその中のひとりでした。

高校時代に最年少気象予報士になるも、プロの音楽の道に進んだ私。その後もミュージシャン（コーラスグループ RAGFAIR に所属）や保育士、気象予報士と、まさに３刀流で活動中でしたが、保育園での気象教育の取り組みを論文にしたいと、横浜国立大学大学院の門を叩いたのです。

それから２年で株式会社ウェザーニューズ協力の下、幼児気象教育アプリ「SORA KIDS」を開発できたのは、この研究室の「そら漬け」が楽しかったから。とにかく２年間、「そら」の下で走り続けました。

「机上の空論」という言葉がありますが、ここでは少し読み方が違うのかもしれません。気象学のあらゆる可能性を探るための、机上の「空（そら）論」――Team SORA メンバーは今日もまた、そらの謎とロマンを追い、チャレンジを続けているのでしょう。

保育士・気象予報士・防災士　おくむら政佳（第６期生）

SORA KIDS は、字がまだ読めない未就学児にも、目の前で起きる天気予報がわかるようになっているウェブサイトです。

第2章

空は素敵な大劇場！

「虹」「低気圧」「偏西風」……個性的な出演者とカラクリ

1 空の舞台背景編

「地球の大気」は何でできている?

空で起きる現象は、空という「**大気**」の中で起きています。まずは地球の「大気」について、他の惑星と比較しながら詳しく説明します。そして、その大気がどう地球をとりまいているのかを解説します。

大気はいくつかの気体が混ざっている

大気にはいくつかの「**気体**」が混ざっています。最も多い気体は「**窒素**《ちっそ》」で、大気の約78%です。その次に多いのが「**酸素**」で、こちらは大気の約21%を占めています(図12)。私たちになじみのある気体といえば、炭酸ガスとも呼ばれる「**二酸化炭素**」です。こちらは0・03%とごくわずかしか含まれていません。同様に、「**アルゴン**」や「**メタン**」などもほんの少しだけ含まれています。

図12　地球と火星大気の中身

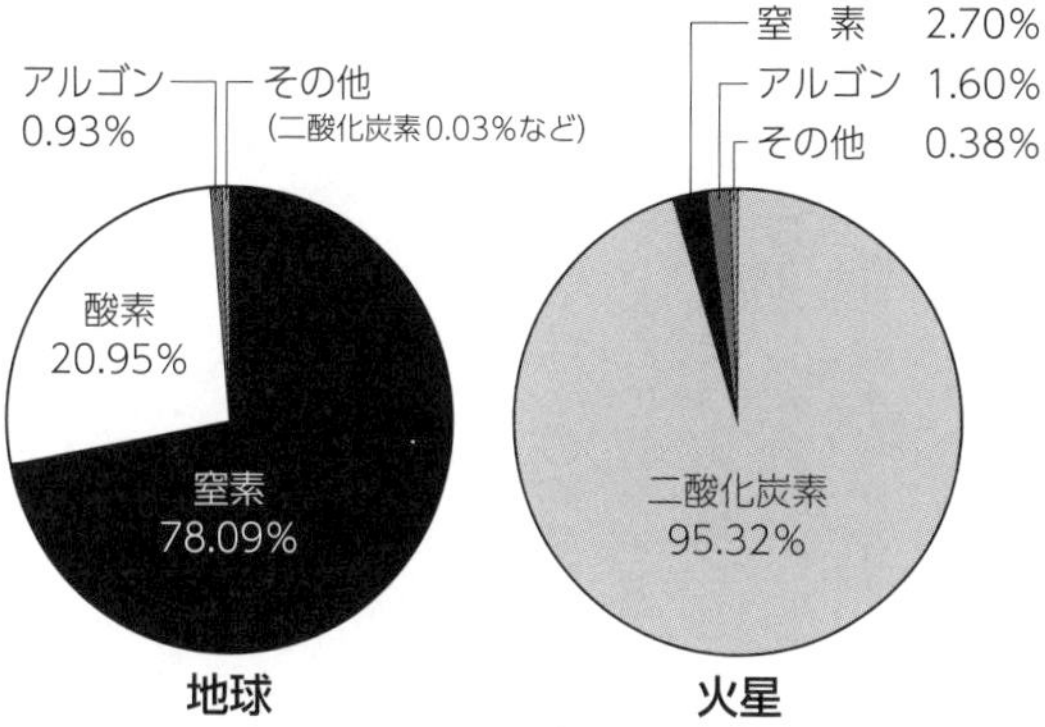

忘れてはいけないのは、**「水蒸気」**の存在です。水蒸気は場所や気温によって大気中に含まれる割合が変化しますが、だいたい0〜2%の間を推移しています。この割合は大きく変動します。

大気中に含まれる水蒸気の量を示す値が「湿度」です。湿度が高いとジメジメと湿った空気に、湿度が低いとカラッと乾いた空気になります。**大気中の水蒸気が増えたり減ったり、さらに水になったり氷になったりするから、さまざまな天気が生まれる**のです。

他の惑星の大気は？

大気は地球だけではなく、他の惑星にもあります。ただし、その大気を構成する気体は惑星によって大きく違います。

たとえば、金星と火星の大気のほとんどは二酸化炭素で残りは窒素で3％程度です（61頁図12）。また、木星・土星・天王星・海王星はおもに水素、ヘリウム、メタンで構成されています。

つまり、**地球は太陽系の惑星の中でも「酸素」が存在する特殊な惑星**といえます。

では、なぜ、こんなに酸素が多いのでしょうか。

大昔の地球の大気は、「窒素」と「二酸化炭素」、そして「水蒸気」で構成されていました。そのなかで水蒸気は、地球が冷えるのにともなって液体の形で存在するようになりました。液体の水が存在することで生命が誕生し、そのうち光合成を行なう生物が誕生します。そして光合成によって空気中の二酸化炭素が酸素に変わることで、大気中の酸素が増えて今の状態になったのです。

図13　地球の大きさ

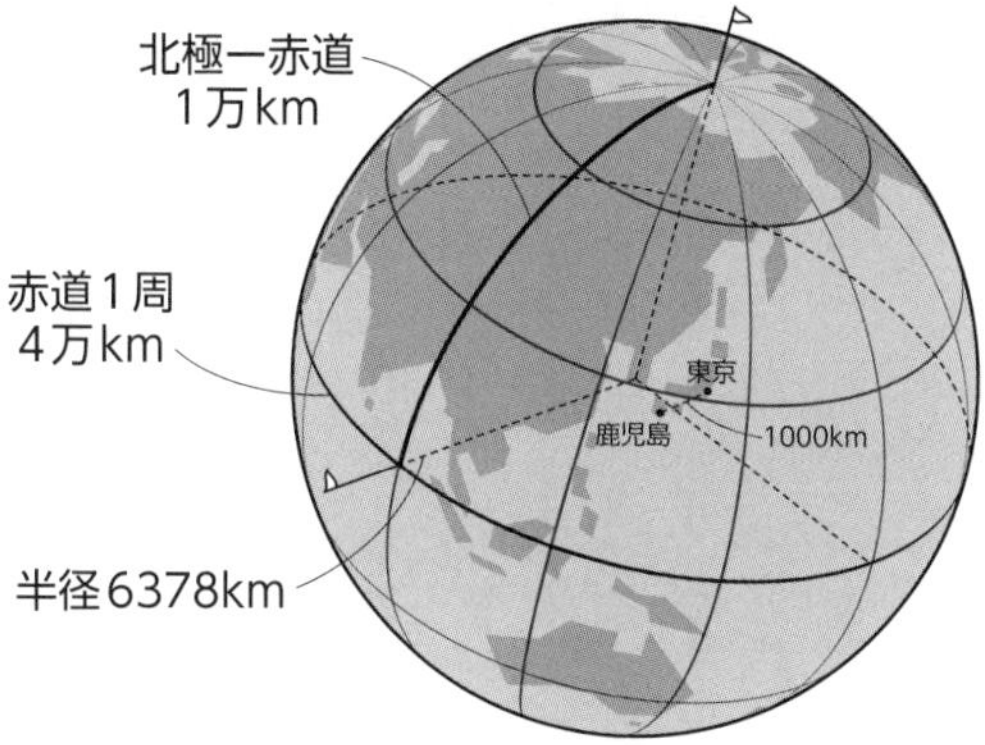

「地球1周4万km」ぴったりの謎

ここで、**「地球のサイズ」**を整理しておきます。

地球はボールです。ボールをぐるっと1周した長さは、**ちょうど4万km**というのは、ご存じの方も多いはず。

算数で習った公式「円の1周の長さ＝直径×円周率（3・14）」を思い出すと、**半径は約6000km**ということがわかりますね。正確には6378kmです（赤道半径）。

球面上の距離になりますが、東京から

鹿児島までの直線距離は約1000kmです。つまり、地球の半径は、東京と鹿児島の直線距離1000kmのおよそ6倍です。

この地球1周の長さがちょうど4万kmというのは、偶然ではありません。

大航海時代が幕を開けた15世紀半ばから、これまで陸路がなくて交流できなかった海の向こうの国々の間で交易をするようになりました。そして同時に、それぞれの国が使っていた独自の単位が、交易の障害になりました。そこで、長い議論が続き、1799年に世界共通の長さの単位「メートル（m）」ができたわけです。

世界共通の単位をつくるときには、世界中の人が納得する基準が必要です。**長さに対する基準は、地球のサイズに決まりました。**

北極点から赤道までの距離を算出して、それを1000万分の1の長さにしたものが、1mの長さと決まりました。だから、メートルの単位を使えば、地球1周の長さは原理的にはぴったりの数字になります。

大気は大きく4つに分類される

地球をとりまく大気の層を「大気圏」と呼びます。その大気圏の厚さは場所によって違いはありますが、**およそ200～800㎞くらい**です。

その中で大気圏は、大きく分けて**「対流圏」「成層圏」「中間圏」「熱圏」**の4つに分類されます（67頁図14）。

地面に接しているのが「対流圏」です。私たちは、この対流圏で生活をしています。その上にあるのが「成層圏」です。ここには太陽からの紫外線を吸収してくれるオゾン層が存在します。その上が「中間圏」で、さらに上が「熱圏」となります。**上空ほど空気は薄くて、大気が徐々になくなり、宇宙空間につながります**（第1章16頁）。

この4つの「圏」はいったいどのような基準で分類されているのでしょうか。圏の境目を**「圏界面《けんかいめん》」**といいます。この圏界面は何か膜のようなもので区切られているわけではないので、目で確認することはできません。では、空気の薄さで分類されているのでしょうか。それも違います。実は**それぞれの圏は、気温の変化の関係が違う**のです（図14）。

対流圏は、地上からおよそ10～20㎞の高さまでです。**この対流圏では、高度とともに気温が下がっていきます。ほぼ全ての雲は対流圏の中で発生します。**

ところが成層圏に入ると、**高度とともに気温が上がります。**これは、成層圏の上部にあるオゾン層が、太陽の紫外線を吸収するときに熱を発するからです。成層圏はおよそ10～50㎞の高度までです。

そして、高度約50～80㎞の中間圏になると、熱源となるオゾン層から離れるため、**また高度とともに気温が下がっていきます。そして、最上層の熱圏では再び高度とともに気温が上がります。**これは太陽からの紫外線を受けて窒素原子や酸素原子が電離していて、そのときに熱を発生させるからです。ちなみに熱圏までいくと、大気の分子はほとんどありません。

図14　地球をとりまく大気の層「大気圏」

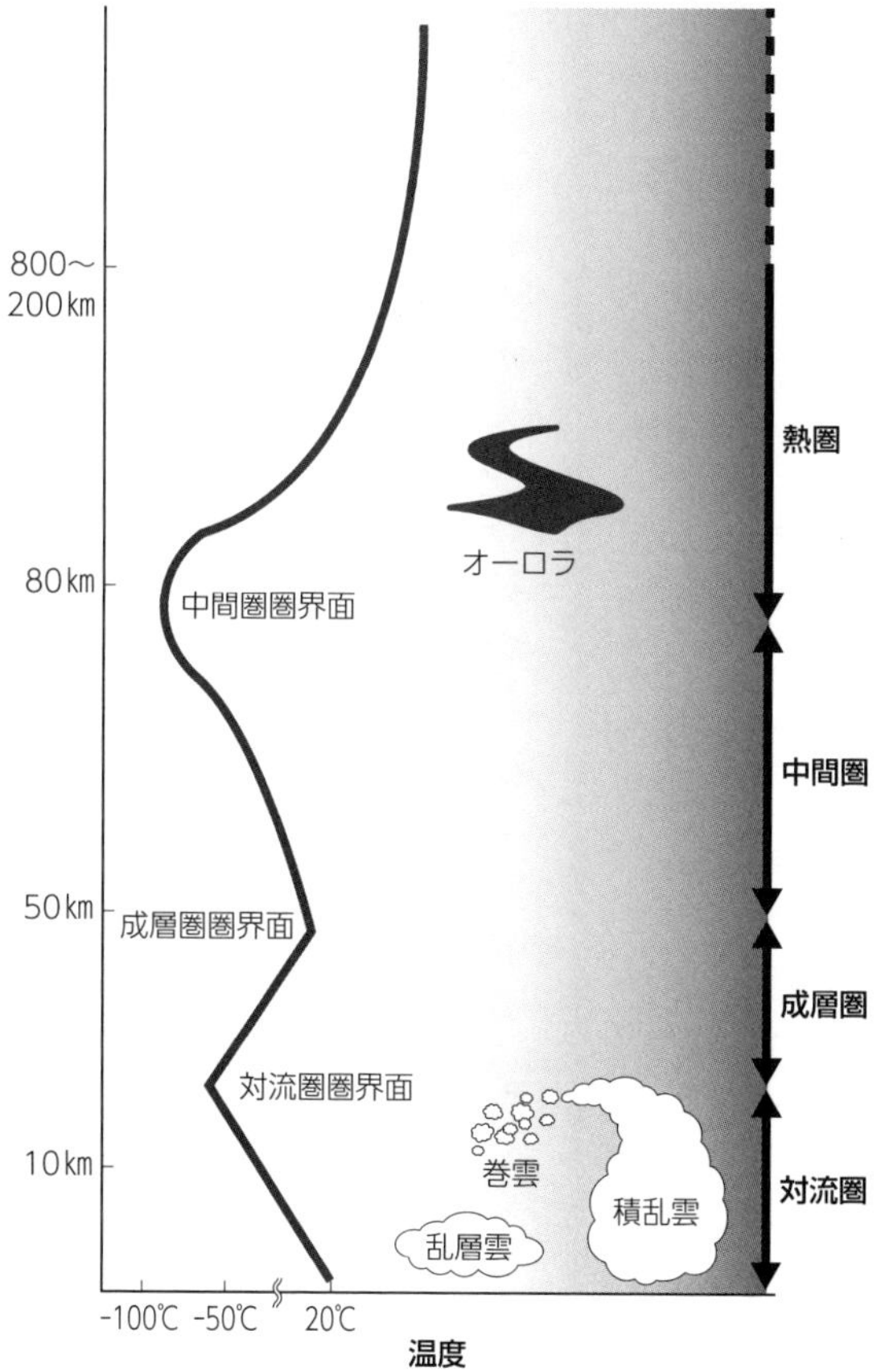

2 「空の色」を決める光の散乱

なぜ、空は青いのだろう。なぜ、雲は白いのだろう。なぜ、朝焼けや夕焼けは赤くなるのだろう……空を見上げて、そんな素朴な疑問を抱いたことはありませんか？
これらの空の彩《いろどり》は、全て太陽の光と大気や水の粒が原因です。

空はなぜ青い？　そして、なぜ果てしなく広がっている？

太陽の光は、赤から紫まで、さまざまな色の光が混ざり合っており、その結果、白色に見えます。地球の大気に太陽の光が差し込むと、太陽の光が大気の中の小さな粒子（大気を構成している酸素分子など）にぶつかって散らばります。これを「**散乱**」といいます。

大気のような小さい粒で起きる「散乱」の場合、青色の光が強く散乱される特徴が

図15　空が青く雲が白いのは「散乱」のせい

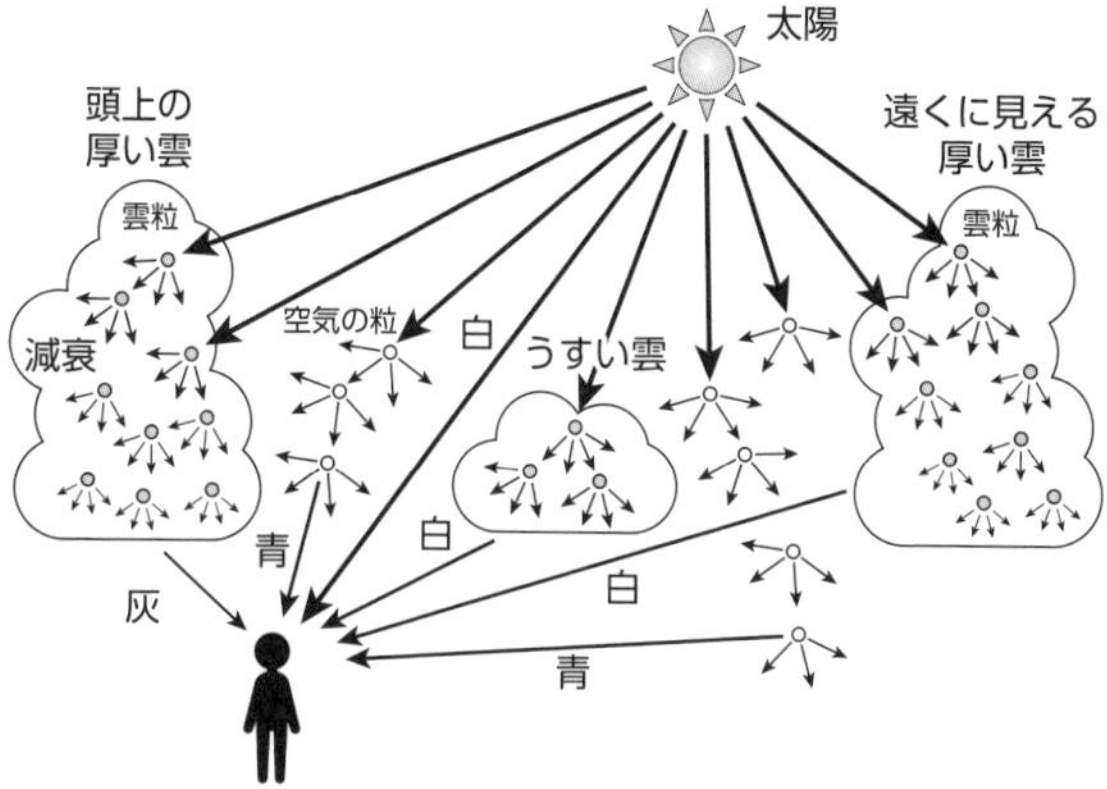

あります。ですから、空は青く色づいて見えるのです（図15）。

第1章でも述べましたが、「散乱」という現象は、**見ている人にその光がどこから来たか、距離をわかりにくくさせます。**そのため、地上にいて上空の青い空を見たとき、その距離感がつかめず、奥深く見えてしまうのです。つまり、なぜ空が青いのか？　空は広いのか？　の答えは、**太陽光と大気があるためであり、それによる散乱が起きて、距離感がつかめないからです。**

逆に言えば、**太陽光だけでは空の青色は生まれません。**その証拠に、大気のない月では、地球と同じように太陽の光が照っても、青い空は現れないです。この広く青い空は、地球の下に住む私たちだけの特権なのです。

夕焼けはなぜ赤い？

夜明けや夕方は赤く焼けたような空になります。太陽が地平線近くになると、太陽光は斜めから差し込むため、昼間の真上から差し込むよりも、**大気の層を通り抜ける距離が長くなります**（図16）。すると、太陽の光はどんどん減衰して、地上にいる私たちの目には届かなくなります。しかし、**減衰しにくい赤色が残って太陽は赤（夕日）、その赤で散乱した**

図16　夕日や夕焼けが赤いのは「太陽光が斜めから差し込む」から

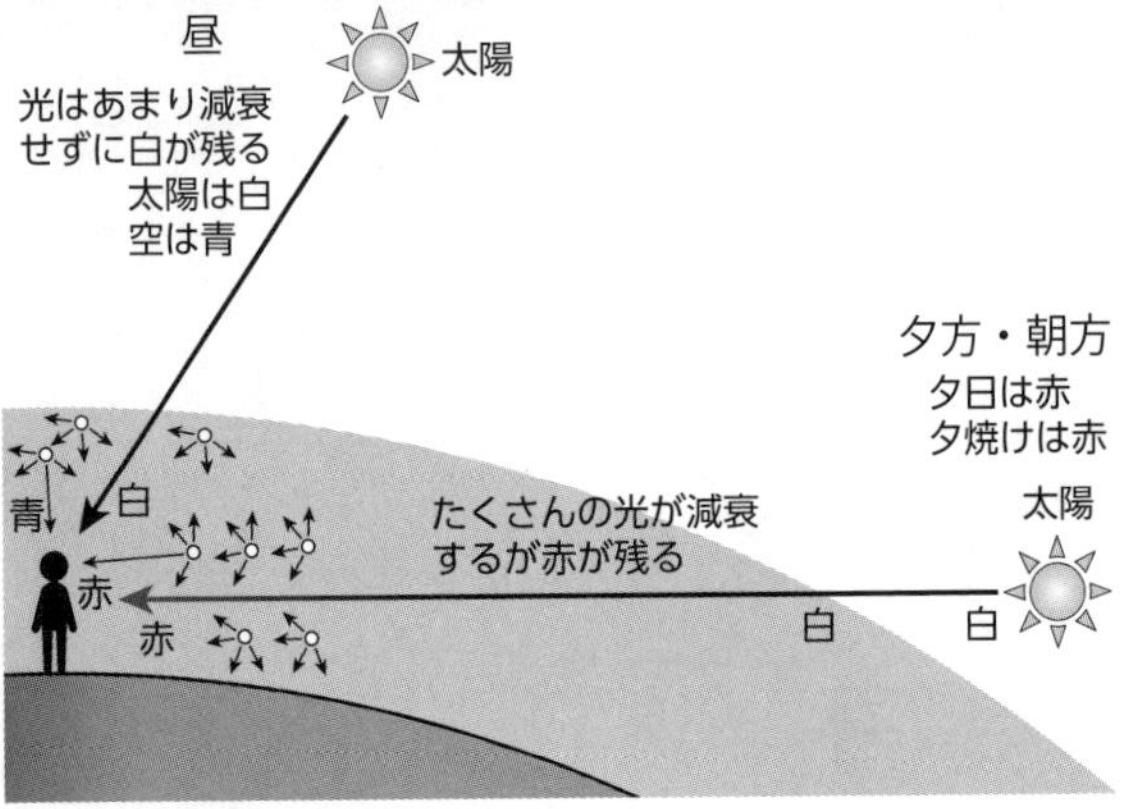

空も赤（夕焼け）として認識するわけです。

夕焼けの場合、もうひとつ赤くなりやすい皮肉な理由がありますが、それは48頁をご覧ください。

雲はなぜ白い？

雲が白いのはなぜなのでしょうか。

雲の正体は、水や氷の粒です。水や氷は透明なはずなのに、白く見えるのは不思議ですね。これも「散乱」の仕業です。

雲を構成している氷や水の粒は、大気の粒子よりも大きいサイズです。**この大きい粒子に太陽の光がぶつかると、青色の光だけが強く散乱されるという特別扱いはなくなり、太陽の光すべてが散乱します**（69頁図15）。太陽の光は白色なので、雲は白く見えるのです。

ちなみに、春先になんとなく空が白っぽく見えるのも、この大きな粒子による散乱の仕業です。春先には黄砂や花粉など、空気中にたくさんの粒子が飛んでいます。これらの粒の大きさは比較的大きいため、白っぽく散乱されます。

砂漠の空も白っぽく見えるのも、砂漠の砂が舞い上がっていて、大きな粒子による散乱のためです（口絵写真3）。

雨雲はなぜ黒い？

雨をもたらすような雨雲は、灰色や黒色をしています。なぜでしょうか？

雨をもたらすような雲は厚くなります。太陽からの光が雲の中で散乱されますが、雲が厚いと、散乱されながら太陽光は減衰が起こります（69頁図15）。減衰が大きくなると、光は弱くなり、暗くなっていきます。そして最終的に地上にいる私たちの目に雲から光が届いても、**減衰して暗くなった光を見ることになり、雨雲は灰色や黒と認識するわけです**。

一方、厚い雲でも真横から見た場合、真下から見るよりも比較的白く見えます。それは、雲の横から出てきたために、まだ減衰がそれほど起きていない明るい白色をとらえているのです。

3 虹や光の環はなぜできる?

空を見上げると、美しい虹に遭遇することがあります。虹を発見すると幸せな気分になります。虹はいったいどのような仕組みでできるのでしょうか。

虹が見えるしくみ

少しややこしいので、ぜひ模式図(74頁図17)を見ながら読んでください。まずは、観測者、太陽、水滴の位置関係を把握してください。

虹は、空に広がる雨の水滴に、観測者の後方から差し込む太陽光が当たり、観測者に向かって跳ね返ってきた光の集まりです。

太陽光は全ての色の光が重なった白色です。その白い光が水滴に入っていくときに、**大気と水滴の境界で少し曲げられる「屈折《くっせつ》」という現象が起きます。**その屈折すると

図17　虹が見える仕組み

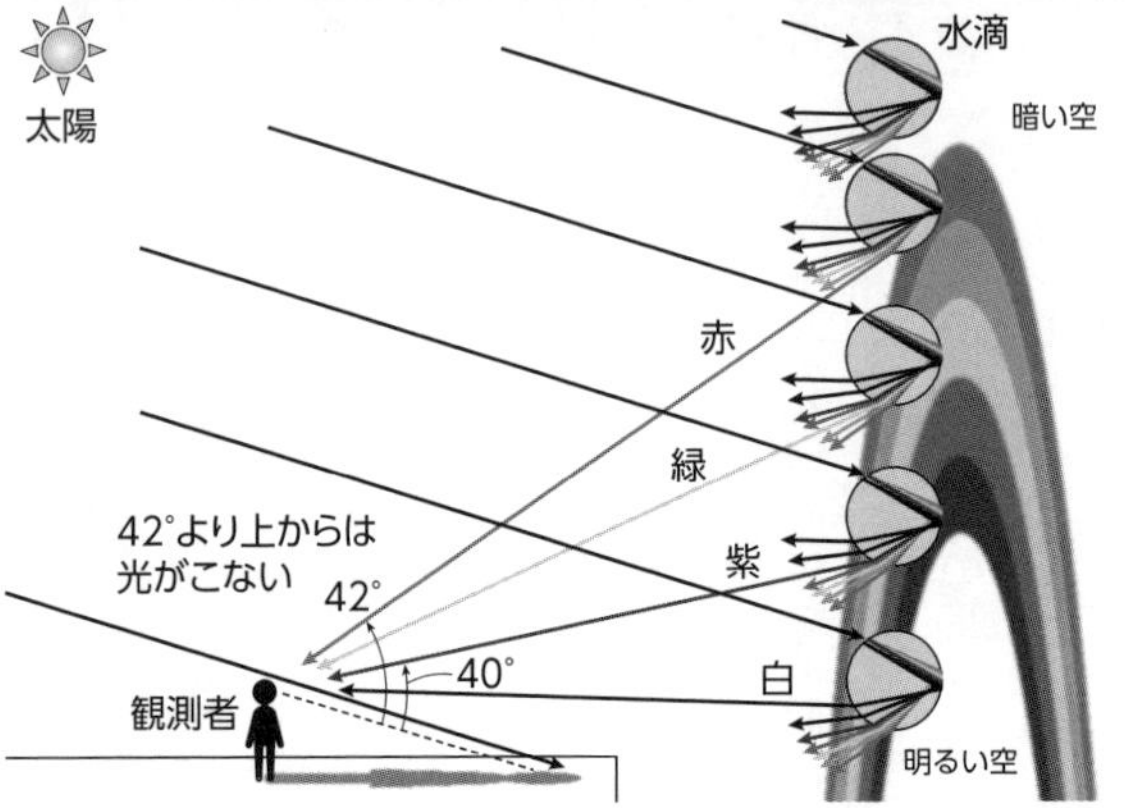

きに、それぞれの色で屈折の角度が違うために、白色の光は分解されて、規則正しくカラフルに分かれます（図17の水滴の中）。

観測者が自分の影から約42度上を見上げると、水滴から跳ね返ってきた赤い光を見ることができます。そして、約40度のところに紫の光を見ることができます。わずか角度2度の幅に赤から紫までのグラデーションの光を観測者はとらえ、その集まりを虹と認識するわけです。

実は、虹が起きている角度よりもさらに下の角度、つまり40度以下にも水滴からも白い光が跳ね返ってきています。この角度では、分解されたカラフルな光がもう一度混ざるので、最終的に白色の光となります。観測者は虹の下方向に視線を向けると、白い光をとらえて、明るい領域があると認識します。

反対に、虹が起きている角度の42度よりもさらに高い角度では、その方向に水滴があったとしても、観測者の方に光を跳ね返してきません。そのため、観測者は虹の上方向に視線を向けても光をとらえることはなく、暗い領域が広がっていると認識します。

虹を見つけたとき、人はその強烈に輝く帯にしか目はいきません。しかし実は、空のキャンバスいっぱいに映し出された明るい空と暗い空、その**光と闇のカラフルな境界が虹なのです**（口絵写真2）。

他にもある空の「虹色」

ここまでは、雨上がりに見られる虹について説明しましたが、実は晴れた日にも空に虹色の現象が出ていることがあります。

たとえば、太陽の近くにある雲が虹色に色づく**「彩雲」**（口絵写真5）。これは昔から縁起の良いものだといわれていましたが、空をしょっちゅう見上げていると意外とよく見られます。

彩雲も虹と同様に、太陽の光が雲を構成する氷の粒にぶつかって、虹のように色が分かれることで起こります。

他に、晴れているときに出る「虹色」の現象としては、**「ハロ」**（口絵写真6）が挙げられます。ハロとひとくくりにいってもさまざまな現象がありますが、どれも太陽のまわりに小さな氷の粒がたくさんあるときに太陽の光が屈折することで起こります。

もっともよく目にするハロといえば、**太陽のまわりをぐるりととりまく白い輪**です。いわゆる**「暈《かさ》」**と呼ばれるもので、これは第1章49頁でも少し触れましたが、出ると天気が下り坂になるサインです。

他にも、太陽の横に小さな光のスポットが2つできるハロもあります。これは**「幻《げん》日《じつ》」**（口絵写真7）といいます。幻日は白い光のことが多いのですが、時折虹色に見えることもあります。

4

個性的な出演者たち編

大規模な現象は〝長寿〟で小規模な現象は〝短命〟

具体的な天気の仕組みを説明する前に、天気を構成する現象、すなわち〝出演者〟についてご紹介したいと思います。天気の出演者は、なじみのものばかりです。

天気の物語《ストーリー》の出演者たち

代表的な天気の出演者を挙げてみます。

・天気に影響を及ぼす「偏西風とその蛇行」
・晴天をもたらす「高気圧」
・雨を降らせる「低気圧」
・熱帯から北上して大暴れする「台風」

・梅雨どきなど、毎日のように雨が降り続く「停滞前線」
・温帯低気圧にともなって現われる「温暖前線」「寒冷前線」「閉塞前線」
・さまざまな災害の引き金となる「集中豪雨」
・急な大雨や雷をもたらす「積乱雲」
・猛烈な風で周囲をなぎ倒す「竜巻」
・昼と夜で風向がいれかわる「海風」「陸風」
・晴天に突然発生する「つむじ風」

こうして見ると、天気の出演者って、実に個性的ですよね。

大きい規模の現象ほど長生きする

このような天気の出演者は、それぞれ大きさや寿命を持っています。そして、**大きい現象ほど長生きして、小さい現象は短命になる**という特徴があります（図18）。

たとえば、直径が２０００㎞程度の低気圧は１週間かけて発達しながら日本列島を

図18　気象現象のスケールと寿命の関係

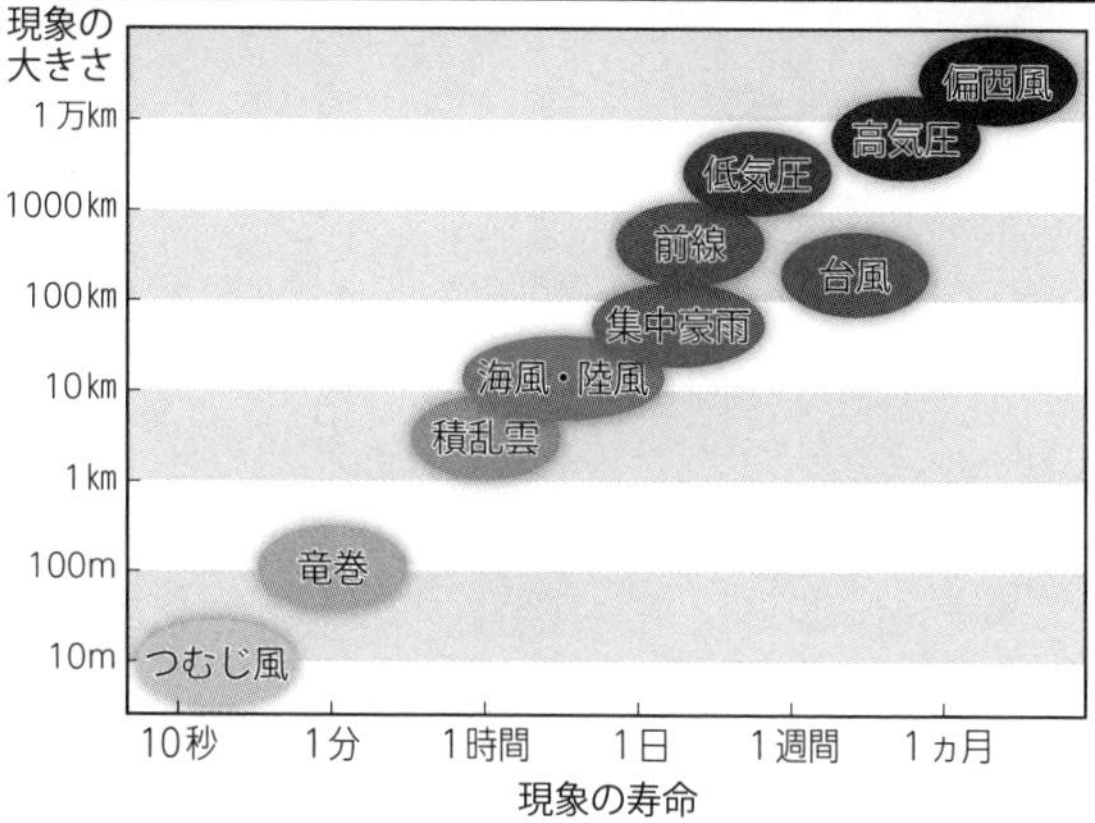

通過します。その一方で、ひとつの積乱雲は直径が10㎞前後ですが、せいぜい30分～1時間程度の雨を降らして消滅します。さらに、竜巻に至っては直径が10０～数百mの大きさしかなくて、数分～10分程度で消えてしまうのです。

このように、天気の出演者には、それぞれ大きさと寿命があります。天気予報の当たりやすい現象、当たりにくい現象は、その個性が影響しています。**広い範囲で長続きする現象は予報しやすく、狭い範囲に現われてあっという間に消えてしまう短命な現象は予報しにくい**のです。

5 気圧と温度の深い関係

出演者をつくる温度と気圧と風編

天気予報では、**「気圧」**の配置やその動向がひとつのカギを握ります。では、その「気圧」とは、いったい何でしょうか？

「気圧」は空気の重さである

「気圧」を簡単に説明すると、**その場所の上にある「空気の重さ」**です。

大気は、大気の中にある全てのものを押しつぶしています。その押す力の単位は「hPa（ヘクトパスカル）」です。実際にはパスカルが単位で、ヘクトはその100倍という意味です。

私たちの周囲には大気があり、地上での気圧は1000hPa程度です。これは1㎠あたり約1kgの力で押されていることになります。皆さんの頭頂部の面積を10㎝四方の

図19　山頂のポテトチップスはなぜ膨らむか

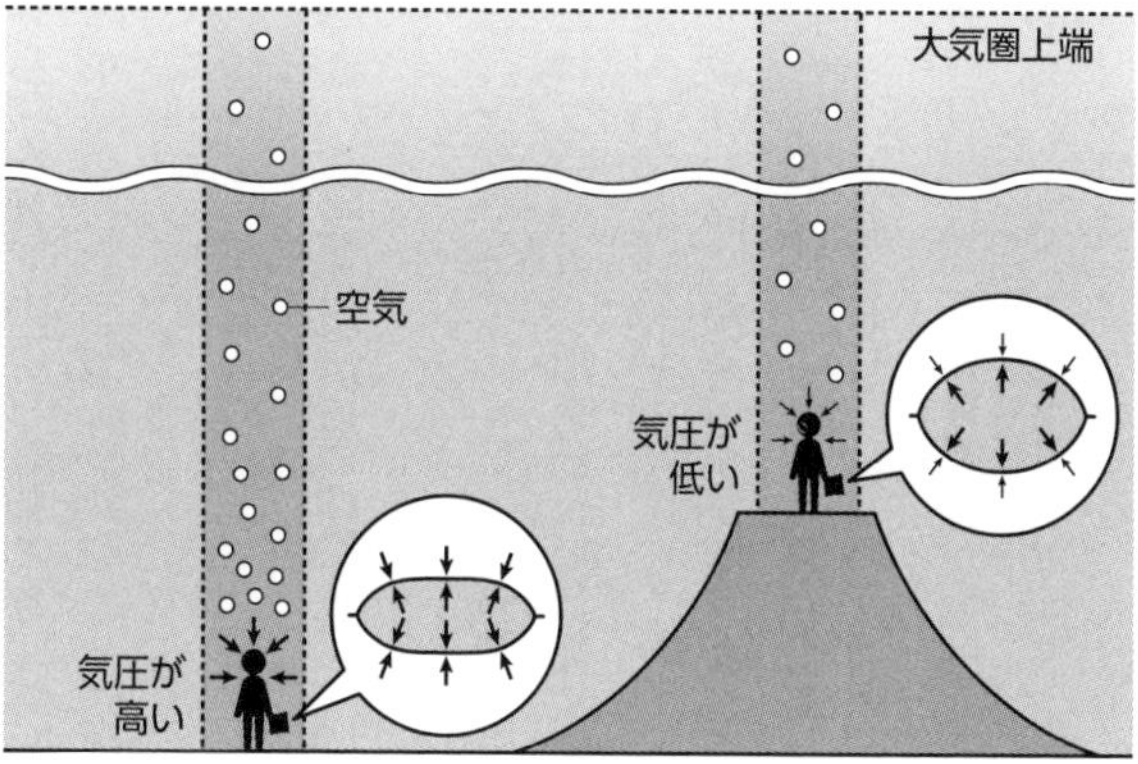

100㎠とすると、頭の上に知らず知らずのうちに100kg程度の空気を乗せていることになります。つまり、頭の上に力士を乗せているようなものなのです。知らないうちに力士が乗っていると聞くと、ちょっとびっくりしますよね。

しかし、それだけの重さの大気を乗せていても私たちがつぶれないのは、**体の中からも同様に押し返す力があるから**です。

気圧を実感するのが、標高の高い山に登ったときです。そこでは、ふもとで買ったポテトチップスの袋がパンパンに膨らみます。**標高の高い場所では気圧が下がるため、袋の中から押し返す力のほう**

が外から袋を押す力よりも強くなってしまうからです（図19）。

標高が高くなると気圧が低くなるのは、山に登ったぶん、**その上にある空気の量が少なくなるからです。**空気の重さも軽くなり、気圧が低くなるのです。

暖かい空気は低気圧、冷たい空気は高気圧

では、天気予報でよく聞く「**低気圧**」と「**高気圧**」とは何でしょうか。

これは文字通り、**低気圧とは周囲よりも気圧が低い場所**のことをいい、**高気圧とは周囲よりも気圧が高い場所**のことをいいます。

周囲よりも高いか低いかが問題なので、数値的に○○hPa以下だから低気圧、○○hPa以上だから高気圧、という定義があるわけではありません。

なぜ、低気圧や高気圧など、周囲と違う気圧の場所が生まれるのでしょうか。

それは、大気の気温が場所や時間によって違ってくるからです。

ある場所の気温が上がると、大気中の空気分子は活発に動き回るようになります。

図20　空気の温度と気圧の関係

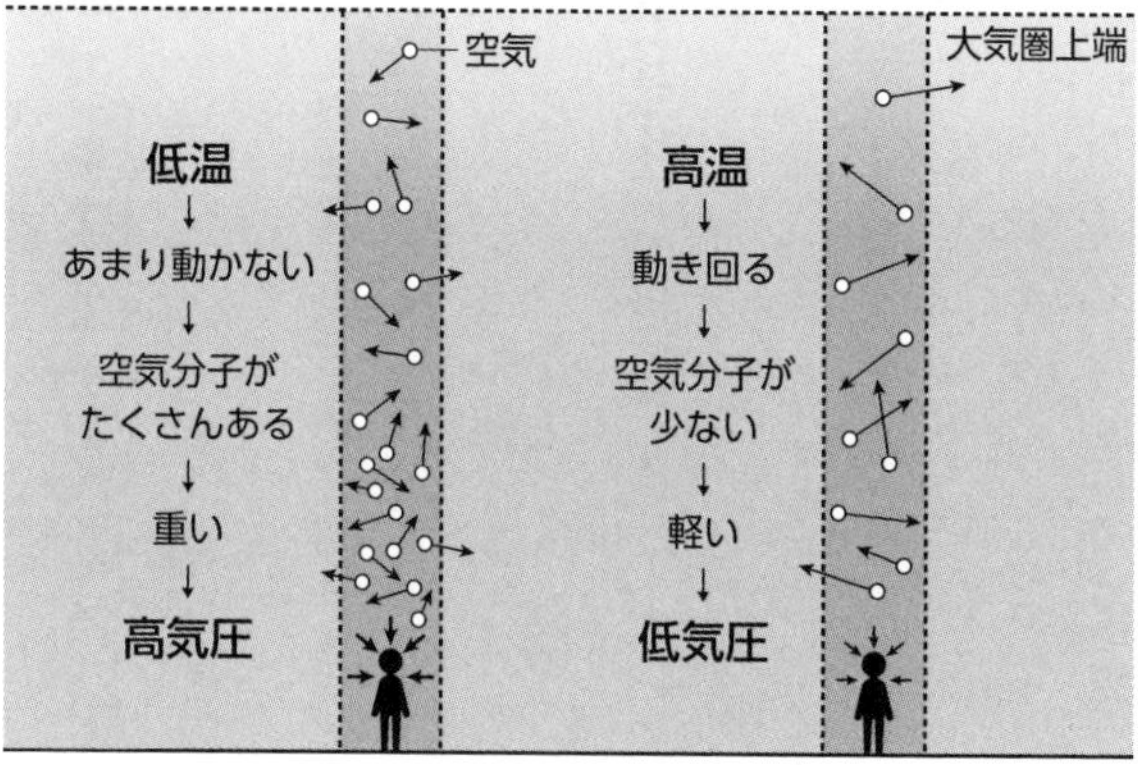

そうなると、**同じ空間（体積）で見たら、暖かい空気の方が分子の数は少なくなります。**重さでいうと軽くなり、気圧で見れば低気圧になります。

逆に気温が下がると、大気中の空気分子は活発に動かなくなります。すると、**同じ空間（体積）で見たら、冷たい空気の方が分子の数は多くなります。**そのため、重さでいうと重くなり、気圧で見れば高気圧になるわけです（図20）。

つまり、その地点から上空までの空気の温度が周りよりも高いか低いかが、高気圧や低気圧と関係するのです。

6 風はなぜ吹くのか

天気の出演者のふるまいは、「風」となって現われます。風が吹くしくみを考える場合、**重要なキーワードは「力」**です。いったいどのような力があり、その力が働いて風が吹くのでしょうか。

気圧の力で空気は動く

風は、気圧の高いところから低いところに向かって吹きます。この気圧差が要因となって空気を動かし風が吹く、その力のことを**「気圧傾度力《きあつけいどりょく》」**といいます。

天気図と地形図とはよく似ています（図21）。地形図には、標高ごとの等高線が書かれていて、山の凸凹がわかるようになっています。天気図も、「高気圧」と「低気圧」、そして同じ気圧の場所同士を結ぶ**「等圧線」**が引かれています。等圧線は等高

図21　天気図と地形図はよく似ている

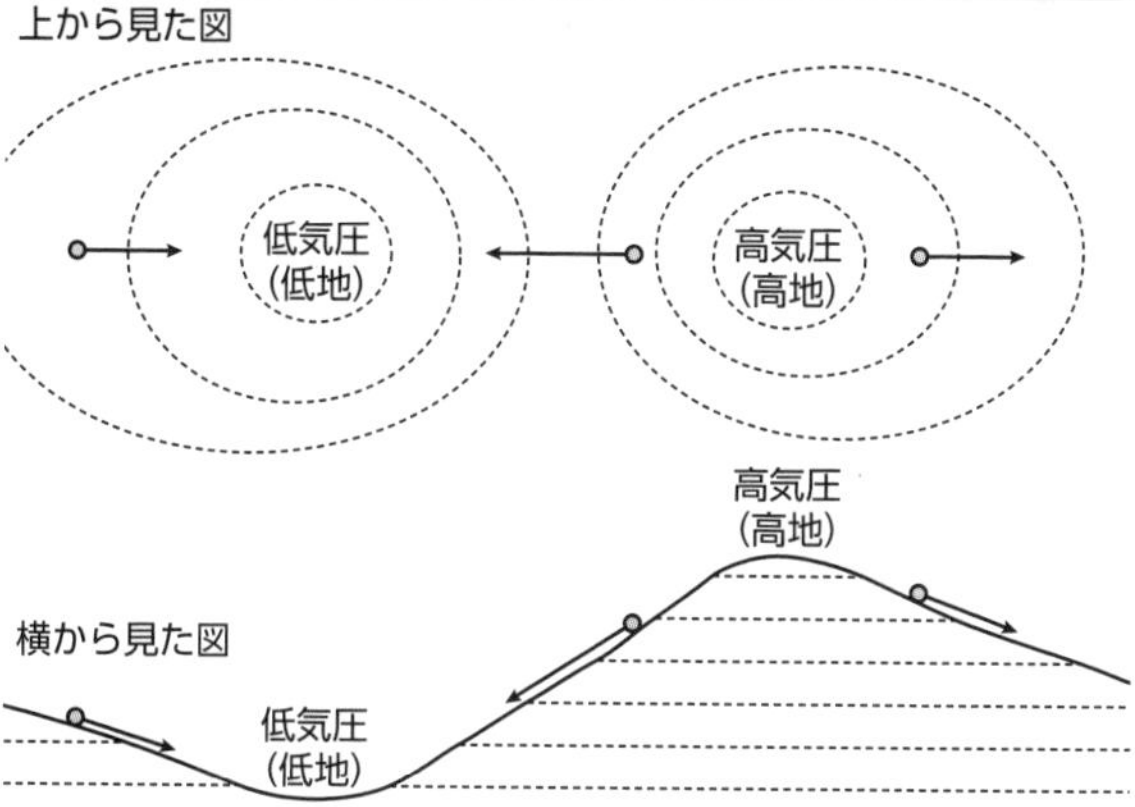

線と同じで、**高気圧が山頂、低気圧が盆地の中心で、連続的に傾斜になっている**のです。

傾斜によってボールが高地から低地へ転がるように、**高気圧から低気圧の方へ空気は動き、風が吹きます。この傾斜が「気圧傾度力」**です。

気圧傾度力で吹く風は、天気図上では、**等圧線を垂直に横切るように吹きます。**そして、等圧線の間隔が狭いところは傾斜が大きいところ、つまり気圧傾度力が大きいところです。そこでは**風が強くなります。**

一方で、等圧線の間隔が広いところでは傾斜がゆるく、気圧傾度力が小さいところなので**風は弱くなります。**

台風が来たときの天気図を見ると、台風の中心付近は等圧線の間隔がとても狭いです。これは気圧傾度力が非常に大きいことを表わしており、風も強くなっています。

風向きを決める「大きな力」

風は等圧線を横切るように吹くと説明したところですが、**等圧線を横切らない風**もあります。たとえば、台風をとりまく風は、中心の低圧部に向かって吹きそうですが、上空ではグルグルまわる風となっています。**何重もの丸い等圧線に対して、風は平行に吹いている**ことになります。台風をとりまく風は、気圧傾度力の他にも別の力が働いているからです。

その別の力のひとつが、**地球の自転**による力です。ターンテーブルのような回転台の上でキャッチボールをしているイメージをしてみてください。ピッチャーがキャッチャーに向かって真っすぐの直球を投げたとしても、ボールがキャッチャーに届くまでに回転台に乗ったピッチャーとキャッチャーは回転するために、ボールはキャッチャーミットからそれていきます。もしもこの二人が自分達が回転している自覚がなければ、かわいそうにもノーコンピッチャー扱いです。回転台の上で動くものは全て、まっすぐ進んでも必ず曲がってしまいます。

地球上の風も同じで、気圧傾度力などが働いて風はその力の方向に吹きますが、**地球の自転の影響を受けて右に曲げられます。**この力のことを**「コリオリ力」**といいます。コリオリ力は、緯度によって違います。低緯度では弱く、北極・南極では強くなります。また、コリオリ力は右に曲げる力と書きましたが、それは北半球の話です。**南半球では、コリオリ力は左に曲げるように働きます。**

コリオリ力の他には、**「遠心力」**や地面・海面との**「摩擦力」**なども働きます。

遠心力は、くるくる回る風の場合、外側に向かってかかる力です。後で風の現象を個別に紹介しますが、空の現象では、渦回転するものがたくさんあります。そういった風の場合に遠心力は働きます。摩擦力は、地表面付近で吹く風に働き、風を弱めるように働く力です。この摩擦力が影響しない上空の風の方が、風は強いです。

このように、コリオリ力や遠心力、摩擦力も加わって、風は等圧線と平行に吹いたり、斜めの方向に吹いたりと、向きや性質も決まってきます。

7 身近な風が吹くしくみ

風を吹かせる力を説明したところで、具体的にさまざまな種類の風について説明しておきます。その順番は、風のスケールが大きなものから小さなものとします。

地球規模で吹く風「偏西風」

地球規模の大きなスケールの風の代表は**「偏西風《へんせいふう》」**です。

偏西風は、地球上の中緯度上空を吹く西風のことをいい、温帯低気圧を発達・移動させたり、高緯度の寒気を運んできたりと、日本の天気に大きな影響を及ぼしています。

日本からアメリカに飛行機で移動する場合、西から東へ向かうときはフライト時間が短く、その反対の東から西へ向かうときは長くなります。その原因は、この偏西風が飛行機にとって追い風となるか、向かい風となるかです。**偏西風をもたらす力は、「気圧傾度力」と「コリオリ力」**です。この気圧傾度力とコリオリ力が釣り合うことで、等圧線と平行に風が吹くのです。

低気圧と高気圧の風

高気圧と低気圧のまわりにも風が吹きます。**上空の風に働く力は「気圧傾度力」と「コリオリ力」、そして「遠心力」です。**

高気圧のまわりでは、気圧傾度力と遠心力が円の外向き、コリオリ力が中心方向に働いて、91頁図22のように時計まわりの方向で風がまわります。

反対に低気圧のまわりでは、コリオリ力と遠心力が円の外向き、気圧傾度力が中心方向に働いて、図のように時計とは反対のまわり方をします。

この図は北半球の場合ですが、南半球では力のかかり方は同じですが、コリオリ力が反対の左向きに働くので、それぞれ逆まわりになります。南半球の台風が逆まわりになるのは、このコリオリ力の効き方が逆になるためです。

さらに、地上付近の風では摩擦力も加わります。すると、高気圧の場合は等圧線を横切りだし、外向きに吹き出すような風になります。反対に、低気圧は中心に吹き込むような風になります。

低気圧の中心付近にもともとあった空気は逃げ場がなくなり、上空に向かって上昇します。つまり、**低気圧の中では上昇気流**が発生しているのです。逆に、**高気圧の中心付近では下降気流**が発生しています。

低気圧のあるところでは雨が降りやすく、高気圧のあるところで晴れやすいのは、**低気圧の中の上昇気流と高気圧の中の下降気流と密接に関連しています。**

昼と夜で風向きが変わる海風と陸風

海辺に行くと、**気圧傾度力が働いて、昼間は海から、夜は陸から吹く「海陸風《かいりくふう》」が発生しています**（92頁図23）。

昼間は太陽の光で地表付近が温まります。陸と海では温まりやすさが違い、**陸のほうが海よりも早く温まります。**すると、陸の気圧が低くなり、海の気圧が高くなるた

図22　高気圧と低気圧の風

※北半球

上空の風の働く力

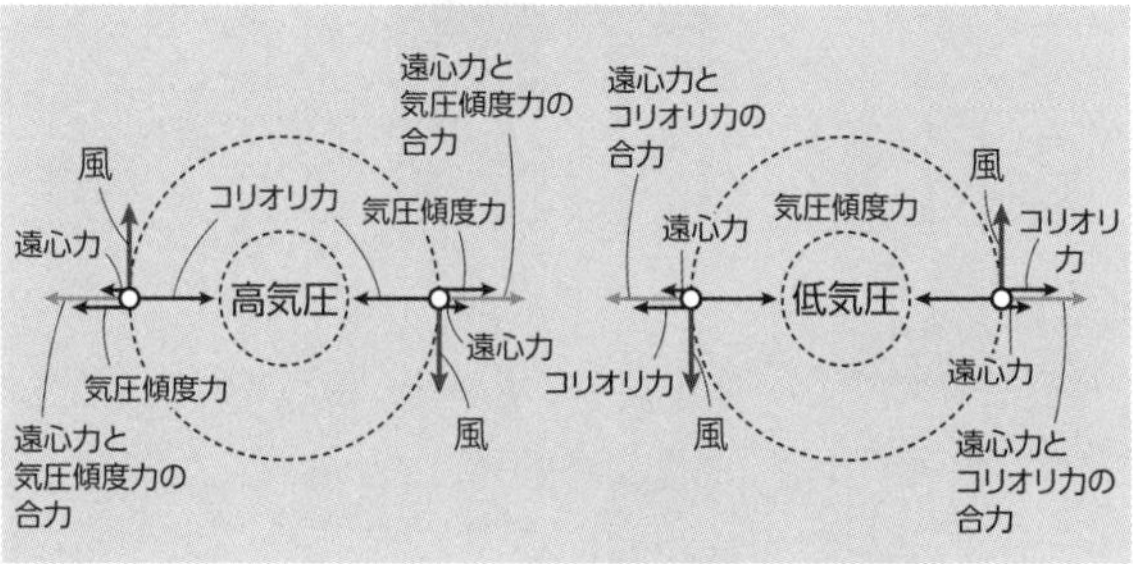

高気圧と低気圧の風

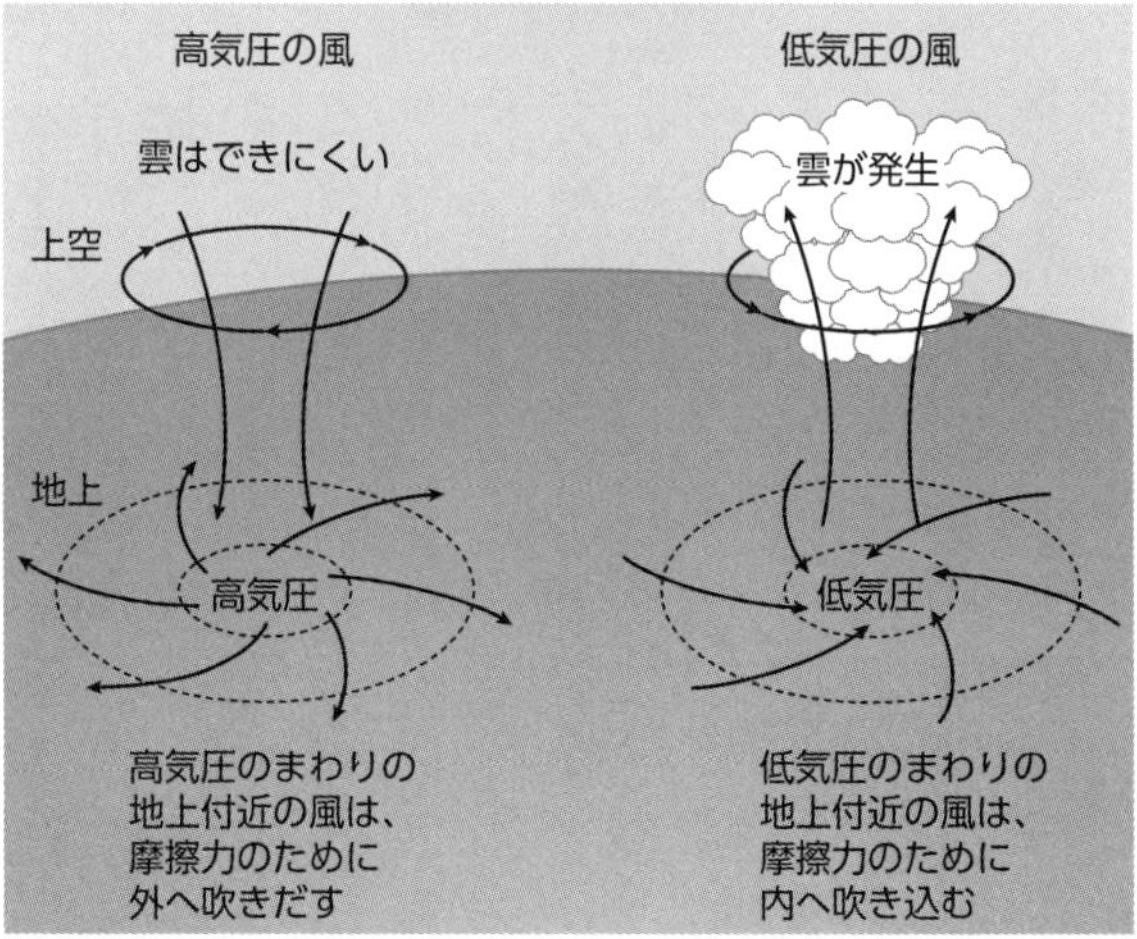

図23　海沿いの風は１日で変化する

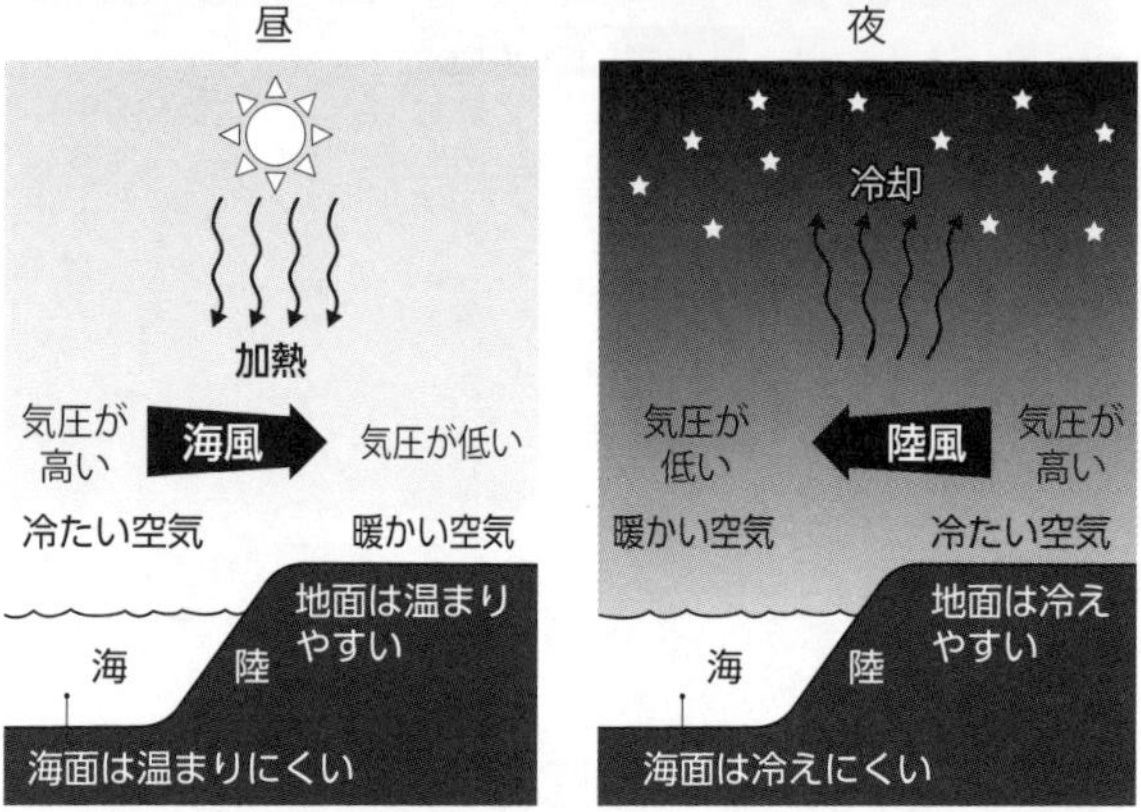

め、**気圧の高い海から気圧の低い陸側にかけて風が吹く**ようになります。これを**「海風《うみかぜ》」**と呼びます。

夜にはこれと逆の現象が起こります。太陽が沈むと、陸のほうが海よりもよく冷えます。すると、陸の方で相対的に気圧が上がり、海の気圧が下がるため、今度は陸から海に向かって風が吹きます。これを**「陸風《りくかぜ》」**といいます。

風向きが変わる朝方と夕方には風が吹きません。これを**「凪《なぎ》」**といいます。確かに、漢字の中にも「止」という文字が入っていますよね。また、朝の凪を**「朝《あさ》凪《なぎ》」**、夕方の凪を**「夕凪《ゆうなぎ》」**と呼びます。

海辺に行ったら、ぜひ海と陸との風のや

り取りを感じてみてください。

建物を丸ごと吹き飛ばす「竜巻」

ニュースで時々登場するのが「**竜巻**」です。規模は直径100～数百mととても小さく、寿命も数分と短いです。規模が小さいとは言っても威力はとても強く、家が吹き飛ばされて跡形も残らないことすらあります。

竜巻も、グルグルと回転する風ですが、高気圧や低気圧と違い、**スケールがとても小さいため、コリオリ力の影響はほとんど受けません。**風に働く力は、遠心力と気圧傾度力のふたつだけです。風の向きを決めるコリオリ力の影響が弱いために、竜巻は時計まわりのものもあれば反時計まわりのものもあります。

あっという間に現われるグルグルの「つむじ風」

竜巻とよく似た風が「**つむじ風**」です。これは、晴れた日のグラウンドで、グルグルと渦を巻いて砂などを巻き上げて突撃してくる風です。運動会中にグラウンドで発生すると、観客の前でテントが吹っ飛ぶこともあります。

つむじ風は**晴れた日に地面が熱せられて、急な上昇気流が起こることでできる風**です。規模も直径数m～数十mと竜巻よりもさらに小さく、いきなり発生して、あっという間に消えていきます。

8 雲ができる場所

天気の素「雲」編

天気の出演者たちを構成する要素のひとつは、「雲」という水です。水は、その姿を変えながら、大気をめぐりまわっています。ここでは、雲の発生場所から、その種類まで紹介いたします。

天気が悪くなる場所は？

雲ができるかどうかのカギは「上昇気流」です。

「山の天気は変わりやすい」とよく言われます。確かに、ふもとの方では晴れていても、山の上の方では雲がかかり、雲がかかっているところに行けば霧が出たり雨が降ったりしています。なぜ、山では雲ができやすくなり、雨がよく降るのでしょうか。

それは、**風が山にぶつかると、その風は山の斜面に沿って強制的に上昇せざるを得**

なくなるからです。そして、地上付近の空気が上昇すれば、気温が下がり、空気中に含むことのできる水蒸気の量が減ります。すると、水蒸気が飽和して液体の水、つまり雲の粒に変化します。ですから、山の上のほうは雲ができやすく、雨が降りやすいのです。

天気予報では「低気圧が近づくので雨が降るでしょう」もよく聞きます。91頁の図22で説明した通り、低気圧の中には上昇気流があります。山の上に雲がかかりやすいのと同じ原理で、**上昇気流が発生すれば上空では気温が下がるので、雲ができます。**そのため、低気圧のある所には雲ができやすく、雨が降りやすいのです。

逆に、高気圧の中には下降気流があります。**空気は下降するにつれて気温が上がっていくので、空気中に含むことのできる水蒸気の量も増えていきます。**つまり、相対湿度は下がっていくので、高気圧の中では雲ができにくいのです。高気圧に覆われた場所は晴れです。

天気図に現われる「前線付近」でも雨が降りやすくなります。**「前線」とは冷たい空気と暖かい空気が出会う場所**です。暖かい空気は冷たい空気よりも軽いので、ふたつの種類の空気が出会うと、**暖かい空気が冷たい空気の上に乗り上げて強制的に上昇**

します。つまり、ここでも上昇気流が発生するので、雲ができやすいのです。

雲にはどんな種類があるの？

空にぽっかりと浮かぶ雲。雲の形はさまざまで、たくさんの名前があります。雲にはどんな種類があるのでしょうか。

雲は主に発生する高度と形状で、10種類に分類されます。その10種類とは、「**巻雲**《けんうん》」「**巻積雲**《けんせきうん》」「**巻層雲**《けんそううん》」「**高積雲**《こうせきうん》」「**高層雲**《こうそううん》」「**乱層雲**《らんそううん》」「**積雲**《せきうん》」「**層積雲**《そうせきうん》」「**層雲**《そううん》」「**積乱雲**《せきらんうん》」です。このような10種類の分類をされた雲のことを「**十種雲形**《じゅっしゅうんけい》」といいます。

私の研究室の学生は、「裏の卒業論文」として、自分たちで様々な雲を撮影して10種に分類した「マイ空アルバム」をつくっています。そのなかでよりすぐりの雲の写真を、巻頭カラーページに載せていますので、その雲の写真と対応させながらご覧ください。

まずは、対流圏上層、高度約5～13㎞の高い所で発生する**【上層雲】**からです。

「**巻雲**」は「すじ雲」ともいい、層が薄く、刷毛で絵を描いたような形をしています。

「巻積雲」とは、「うろこ雲」のことです。小さなうろこのような形の雲が空を覆います。そしてうっすらと薄い雲が空全体を覆うのが**「巻層雲」**です。太陽や月のまわりに暈《かさ》をつくるのもこの巻層雲。別名は「うす雲」です。

次に、高度2～7㎞に浮かんでいる**【中層雲】**です。**「高積雲」**は、「ひつじ雲」がその代表です。巻積雲とよく似ていますが、巻積雲よりも低い場所にでき、雲の一つひとつも巻積雲より厚いです。**「高層雲」**は「おぼろ雲」とも呼ばれています。こちらも空全体に広がりますが、巻積雲と違ってやや厚く、暈もできにくいです。太陽や月は、雲ごしにぼんやりと見えます。**「乱層雲」**はいわゆる「雨雲」のことです。どんよりとした分厚い雲で、色はうす黒く、しとしとと雨を降らせます。

次に対流圏でも、低い所で発生する**【下層雲】**です。**「積雲」**は「わた雲」とも呼ばれる雲です。孫悟空がさっそうと乗りこむ「きんと雲」を思い浮かべるといいでしょう。晴れた日にぽっかりと浮かび、さまざまな形をしています。**「層積雲」**は、ときには「うね雲」とも呼ばれて、うねのような凹凸のある分厚い雲が空全体を覆い、弱い雨を降らせることもあります。

「層雲」は低い場所にできるどんよりとした雲です。ときには地面に接することもあり、その場合は霧と呼ばれます。ちなみに、高いところから地上を見下ろしたときに見える雲海も層雲のひとつです。

そして最後に紹介するのは**「積乱雲」**。いわゆる「雷雲」と呼ばれる雲で、とても背が高くて分厚い雲なので、真上に来ると空が真っ黒になります。積乱雲は大雨を降らせ、ときには雷が鳴ったり、ひょうが落下したり、竜巻などの突風が吹いたりするなど、さまざまな気象災害の原因となる現象をもたらします。いわゆる「災害のデパート」のような存在です。

十種の雲の名前には決まりがある

このような10種類の雲ですが、名前によく使われている漢字があることにお気づきでしょうか。

たとえば**「巻《けん》」がつく雲は「上層雲」であることを示し、「高」がつく雲は「中層雲」**です。「高」のほうが高い位置にありそうなものですが、「巻」がつく相当高い高度にある雲は、特別な高度だと覚えましょう。

さらに、十種雲形の名前の**「積」と「層」は雲の形**を表わします。横に平面的に広がる雲には「層」がつき、モコモコと立体的な形のものは「積」とつきます。

そして、**「乱」のつく雲は雨をもたらすもの**です。つまり、積乱雲と乱層雲だけが雨をもたらし、それ以外は発生しても雨を降らせないまま消えていく雲です。

これらの漢字の意味を覚えれば、空に浮かぶ雲の名前もすぐに覚えられるのではないでしょうか。

雷は積乱雲の中の氷がぶつかると発生する

雷は「雷雲」とも呼ばれる**「積乱雲」**から発生します。

積乱雲には小さな水や氷の粒がたくさんあります。そして、この氷の粒のまわりに水の粒がくっついて凍るとあられになります。あられと氷晶《ひょうしょう》（氷の結晶）がぶつかりあうと、プラスの電気とマイナスの電気に分かれるのです。こうして、**雲の中や雲と地面の間に大きな電圧が生まれると、その状態を解消するために空気の中を電流が流れます。**これが雷なのです。

空気は本来電気を通さないのですが、雷の電圧はとても大きいため、瞬間的に電流が流れるのです。

雷といえば夏場の夕立というイメージが強いのですが、冬の日本海側でも起きます。ちょうど魚のブリがよく獲れる時期に鳴ることから「ブリ起こし」と呼ばれることもあります。この冬の雷は、世界的にはとてもめずらしい現象として知られています。

夏の雷は、地面が太陽によって熱せられることで強い上昇気流が起こってできた積乱雲から発生します。しかし、冬の雷はそれとは仕組みが違います。大陸から吹く乾燥した季節風が日本海を通るときに、日本海で湿った空気となり、すじ状の雲ができます。このすじ状の雲が発達すると積乱雲になり、雷を鳴らすのです。

9

劇場を照らす「太陽」編

「太陽放射」と「地球放射」

太陽と地球のエネルギーのやり取り

天気は1日、そして1年をかけて変化しています。それをもたらしている大本が**「太陽」**です。日向が暑く日陰が涼しいように、太陽の光がたくさん当たれば暖かくなりますし、あまり当たらなければ寒くなります。地球は自転をして、太陽の当たり方を時々刻々と変化させています。また、地球は太陽のまわりを公転していますが、公転面に対して地球の軸は傾いているため、太陽の光の当たり方が1年を通じて変化します（43頁図9参照）。

このように、地球は太陽から熱を受け取っています。これを**「太陽放射」**といいます。

一方、**地球からも宇宙に向かって、見えない光で熱を放射しています。**これを**「地**

球放射」といいます。

さらに、地球と太陽の間には、大気があります。この大気も、太陽と地球のやり取りに一役買っています。**熱の取り引きはとても複雑**です。

放射冷却とは？

よく晴れた日の夜間はとても冷え込みます。このとき**「放射冷却」**が起こります。

太陽放射は昼間しかありませんが、地球放射は1日を通じて昼も夜も起きています。すると、昼間は太陽放射が地球放射を上回るので、地球を温める熱は増えていきます。しかし夜間は、太陽放射が行なわれずに地球放射だけが行なわれているため、地球の熱がどんどん減っていきます。

地球の熱が減れば気温が下がります。これが**放射冷却**です。

しかし、曇っていると冷却はあまり効きません。というのも、**雲があれば地球放射を吸収して、熱が宇宙に逃げていくのを抑えるため**です。

第1章の砂漠の話でもしましたが、雲はまるで布団のような役割を果たしているのです。

地面によって太陽放射の反射率が違う

太陽の熱のうちいくらかは、地面で反射して宇宙に戻っていきます。この反射する割合**「反射率」**は、地球全体で平均すると30％程度です。そして、地面の種類によって大きく変わってきます。

草原や土では反射率が10～30％以下なのに対し、アスファルトでは10％程度、水面では10％以下です。

反射率がもっと高い所もあります。それは雪です。その反射率はなんと**80％以上**。スキーに行くと、冬で日射は強くないはずなのに、日焼けをします。これは、雪の反射率が高く、地面で反射した日差しを受けやすいからです。ゴーグルなしで雪を見続けると目が痛くなる「雪目」も、雪が日差しをたくさん反射し、それが目に入ることで起こるのです。

温室効果は悪者ではない

今、環境問題として地球温暖化が危惧されています（第4章）。その原因は、温室効果ガスだといわれています。いったい**「温室効果」**とは何なのでしょうか。

ガラスや透明なビニールでできた温室の中は、外の気温よりも高いです。これは、**透明なガラスやビニールが太陽放射を通すのに対し、温室の地上から出る地球放射をほとんど通しません。ガラスの屋根に反射して再び地面の方向に向かうから**です。すると、熱は温室内に溜まります。これで温室内が暖かくなるのです。

これと同じことが地球の大気でも起こっています。大気中には、**温室効果ガス**と呼ばれる温室のガラスやビニールと同じ効果をもたらす気体があるのです。温室効果ガスとしてまず思い浮かべるのが「二酸化炭素」だと思いますが、「メタン」や「水蒸気」も温室効果ガスなのです。

地球温暖化の問題が声高に叫ばれている昨今では、温室効果は悪いものだと思われています。しかし、温室効果がないと、地球は今よりもずっと寒くなります。現在の地球全体の平均気温は約15℃ですが、温室効果ガスがないと平均気温が約マイナス20℃になることも見積もられています。

温暖化により脚光を浴びた温室効果。その効果は、我々が地球で生きていくために必要なものなのです。

コラム 「そらの研究室」より

◎そら回し１号！　回転中!!

私は、大きな気象現象を“手元の実験”を通して理解したいとの思いから、「気象実験クラブ」を創設しました。気象に関連した実験や、出前授業を行なっています。たとえば、ペットボトルやバケツなど身近なものを使って、小学生に「竜巻や雲をつくる」体験をしてもらったりしています。

その気象実験クラブの活動の一環として自作した「回転水槽実験装置」が筆保先生の目にとまったのが先生とのご縁のはじまりでした。この装置は、東京大学名誉教授木村龍治先生の著書『地球流体力学入門』にある「傾斜対流の流体実験」に感銘を受け、工夫を重ねて完成させたものです。簡単に言うと、ジェット気流や偏西風など地球規模の大気現象を机上に乗るほどの小型の実験装置の中に模擬的に再現、可視化するものです。研究者が使う同じような実験装置は70年ほど前から国内外にありますが、大型で取り扱いにも注意が必要です。その点、私がつくった装置はとても小型で、しかも取り扱いが容易です。

筆保先生は、「これは学校教育にも使える！」と思って下さったようです。そうした先生の思いをお聞きし、自分自身も、国内だけでなく海外にもこの装置を広めたいという夢が湧いてきました。そして、共同開発・設計が始まったのです。ケニス株式会社という教育用理科教材を扱う大手メーカーの協力を得て商品化に漕ぎつけました。「回転水槽実験装置」は、「偏西風観察器そら回し１号」という愛称がつけられました。

今日も「そら回し１号」はきっとどこかで回転中です！

（一社）日本気象予報士会　気象実験クラブ主宰　佐藤元

「そら回し１号お披露目」

コラム
「そらの研究室」より

◎気象予報士道場

私は気象予報士試験が創設されて２回目の試験で合格した気象予報士であり、昭和 28 年創業の日本初の民間天気予報会社「いであ株式会社」の社員です。

民間気象会社にはそれぞれ違った仕事がありますが、弊社は気象情報の提供だけでなく港湾建設のための波浪予報や、ダム管理のための雨量予報などを現場に赴き行なっています。もちろん、気象の調査も行ないます。現在私は「バイオクリマ事業部」に所属していて、後輩社員の予報指導のかたわら、ホームページの中の「お天気豆知識」というコーナーで情報を提供しています。私は、雲をはじめとする気象現象の写真を撮るのが好きです。たくさんの雲の写真を投稿して、その雲の位置の解説をしました。

少し難しくなりますが、笠雲やつるし雲（口絵写真８頁中）、レンズ雲は、山岳により励起された波動と関係があります。他の雲は形や位置が変わりますが、これらの雲はあまり変化がありません。地形を入れて複数の地点から写真を撮れば位置を特定することができ、目に見えない空の様子が計算できるのです。

筆保先生とは気象予報士会で出会い、それ以来、遠隔で雲の写真を撮って雲の位置の解析を一緒に行なったりしました。今では研究室メンバーのために、気象予報士試験の受験勉強のお手伝いをする「気象予報士道場」を開いています。ぞくぞくと研究室のメンバーは気象予報士試験に合格してくれています。

気象予報士道場師範　気象予報士　和田光明

お天気豆知識の HP

コラム
「そらの研究室」より

◎研究発表で味わった「伝える体験」

私は現在、気象予報会社「株式会社ウェザーマップ」に所属して、NHK 鳥取放送局『いろ☆ドリ』という番組のお天気キャスターをしています。

そんな私の大学時代の研究テーマは「1900 年から 2014 年における日本の台風上陸数」です。約 100 年の間に日本に上陸した台風の数や上陸した場所、上陸時の強さを調査しました。

今でこそ気象衛星や気象レーダー観測によって詳しい台風情報を得ることができますが、昔の台風はそうはいきません。手書きの観測記録や、漢文のような文章を読み解く必要があります。研究室の同期はパソコンで数値モデルを使った研究を進めるなか、まわりから「古文の勉強をしているのかと思った」と揶揄されるくらい、アナログな研究をしていました。データを分析すると、100 年前も今と同じように日本列島には台風が上陸していたことなど、興味深いことがたくさんわかりました。

研究成果は学会や研究会などで発表し、共有することでより効果的になります。特に筆保研究室は「機会があれば発表する」というスタイルだったため、数多くの発表を経験しました。伝えたいことをシンプルな言葉に置き換えたり、相手の表情から何が伝わっていないのか推測して補足したり、「自分の伝えたい事を分かりやすく表現する」という体験は、お天気キャスターになった今でもとても役立っています。専門用語に頼らず、日常で使う言葉での天気予報を毎日心掛けています。

お天気キャスター　熊澤里枝（第３期生）

コラム
「そらの研究室」より

◎まさかこんな？　研究者への道

私は現在も東京大学の学生として研究に励んでいます。

私がここに至るまで何度も「まさか」という経験をしました。

筆保研究室に入った私は、コンピュータ上に「仮想の地球」をつくって気象の実験を行なう研究に熱中。卒業研究では大学で観測した風をシミュレーションしました。自分たちで観測した上空の風の変化が、コンピュータ上に再現される面白さに、「大学院に進学して研究者になりたい！」と思うようになりました。研究室に入る前は勉強よりスポーツに没頭していた私が、「まさか」研究者になる夢を持つとは。

大学４年の夏、突然私はある病気で長期入院を余儀なくされました。降って湧いた「まさか……」です。しかし、筆保先生の後押しもあり、無事大学院に進学した私は「気候変動のシミュレーション」をテーマに研究を始めました。そして生まれて初めての学会発表。ここで「まさか」の英語での口頭発表に決まりました。その日から学会当日の朝まで必死で研究と発表練習をしたおかげか、なんとか発表をこなすことができました。そして、この学会でお会いしたご縁から、私は博士課程に進学し、「まさか」の東京大学の芳村教授の学生になりました。

東大では大気と海洋の相互作用を計算できる領域気候モデルを使って、気候変動にともなって将来の海の赤潮が漁業にどのように影響するかを研究しています。

次はどんな「まさか」に出合うでしょうか？　楽しみにしながら、今は目の前の研究に没頭しています。

博士課程学生　森山文晶（第３期生）

第3章

季節の〝戦国時代劇〟

「高気圧四天王」の戦いが日本の四季をつくる

① 季節の移り変わりを「戦国時代劇」に

私は大学の講義で、日本の四季と空の移り変わりを教えています。そこでは1年という長い時間をかけた連続的な空の変化を、単純に春・夏・秋・冬と4つに区分して教えないように心がけています。

たとえば、夏から秋という変化を見ても、ある日突然カレンダーをめくるように秋の空に変わるのではなく、日々の変化というグラデーションをもって連続的に変わります。そして、**その季節が移ろう背景では、日本の周辺で大きな勢力争いが繰り広げられます。**

この章では、この壮大な長編ドラマを「戦国時代劇」になぞらえて説明してみました。一つひとつの気象学的な解釈には正確性が欠けるところもありますが、皆さまに関心を持っていただくひとつの試みとしてご容赦ください。いつもの日本の**季節変化が、こんなにもドラマチックだったとは！　と体感していただき**ます。

② 高気圧四天王——日本の季節をつくる黒幕

天気予報の解説を聞いていると、温帯低気圧や梅雨前線、台風などの出演者が日本の天気を賑わせています。しかし、季節を動かしているのは彼らではなく、それらを操る黒幕がいるのです。それが**「高気圧四天王」**です。

日本列島のまわりには、「高気圧四天王」こと**4種類の高気圧**が存在し、覇権争いをしています。その争いの勝敗が、季節の移り変わりとなって表われます。

まずはこの「高気圧四天王」について、一人ひとりご紹介しましょう。

蒸し暑い夏の大王「太平洋高気圧」

最初に紹介する四天王のひとりは、**夏を支配する「夏の大王」**です。正式名は**「太平洋高気圧」**。

「夏の大王」は太平洋北部のほとんどを覆うような大きな高気圧で、中心はハワイ諸島があるあたりにあります。**太平洋上に鎮座しているので、その性格は高温多湿。**夏の間、じりじりと照りつけるような晴れの日が続くのは、夏の大王の所業です。

日本の冬を支配する冬将軍「シベリア高気圧」

対して、冬の覇者は**「冬将軍」**、すなわち**「シベリア高気圧」**です。

冬にユーラシア大陸上で発達する高気圧で、中心はユーラシア大陸です。東は日本、西はイランの北にあるカスピ海付近まで覆う、こちらも巨大な高気圧です。

冬になると、シベリアの地面はまるで冷凍庫に入れた鉄板のようにキンキンに冷えます。そして、その大陸に接する空気もとても冷えます。**海ではなく大陸にいるので、その性格は乾燥しています。**

冬将軍からは日本に向かって季節風が吹きます。これが日本海を渡るときにすじ状の雲を作り、日本海側に豪雪をもたらします。

冬将軍「シベリア高気圧」

夏の大王「太平洋高気圧」

クールな北海の女王「オホーツク海高気圧」

夏にはもうひとりの主役がいます。それは「**北海の女王**」こと、「**オホーツク海高気圧**」です。こちらは夏のオホーツク海上を覆うように存在する小さな高気圧で、**涼しくて湿った性格です。**北海の女王の勢力が強くなると、濃霧のベールで北日本を覆い、「やませ」と呼ばれる冷たい吐息を吹きかけます。これが冷夏をもたらし、北日本を中心に日照不足や低温で稲などの作物不作をもたらします。

旅するさすらい親分「移動性高気圧」

時代の変わり目に颯爽と登場するのが「**さすらい親分**」、「**移動性高気圧**」です。これまでの四天王とくらべて小ぶりですが、その分、機動力があります。偏西風に乗って日本列島を西から東へと移動します。さすらい親分は、中国の揚子江付近の温暖で乾燥した性格のため、この親分がやってくると、さわやかな好天に恵まれます。

北海の女王「オホーツク海高気圧」

さすらい親分「移動性高気圧」

3 日本の天気をつくる脇役たち

この物語の主役は前述の高気圧四天王です。しかし、実際に日々の天気を決めるのは、これから紹介する「脇役」たちです。

さすらい親分が連れ歩く不逞浪士「温帯低気圧」

時代の変わり目に晴天をもたらすさすらい親分は、一見陽気で穏やかなのですが、その子分たちが悪さをします。さすらい親分の子分、**「不逞浪士《ふていろうし》」**こと**「温帯低気圧」**です。この不逞浪士は、強い雨や風をもたらします。

不逞浪士は、「温暖前線」と「寒冷前線」のふたつの刀を振りかざしながら、下剋上を目指してウズウズしています。そしてさすらい親分のあとについて、道中を傍若無人に振る舞います。

冬将軍の放つ騎馬隊「すじ状の雲列」

冬将軍は**「騎馬隊」**と呼ばれる強力な軍隊を所有しています。その正体は、日本海に発生する**「すじ状の雲列」**です。冬将軍が季節風を放つと、日本海を越えながら水蒸気を取り込み、すじ状の雲が隊列を組みます。これが日本列島の日本海側に到達すると、豪雪をもたらします。

不逞浪士
「温帯低気圧」

冬将軍の二本槍「爆弾低気圧」と「南岸低気圧」

冬将軍には「**冬将軍の二本槍**」と呼ばれる力強い側近がいます。いわゆる「**爆弾低気圧**」と「**南岸低気圧**」です。

爆弾低気圧は、急速に発達して台風並みの強い風をもたらします。一方で南岸低気圧は、太平洋側に雪を降らせる犯人です。

天下分け目の戦で活躍する足軽隊「長雨の雲」

日本付近で「高気圧四天王」同士の覇権争いが起こります。この戦いの最前線で活躍するのが「**足軽隊**」、すなわち、梅雨前線や秋雨前線を構成する「**長雨の雲**」です。

高気圧から吹きつける風に乗り、前へ前へと移動して、双方からの風がぶつかる前線付近で戦いを繰り広げ、雨を降らせます。

夏に湧き上がる「夕立一揆」

夏の大王の強力な支配のもとで同時多発的に発生するのが「**夕立一揆**」です。

夏の太陽にじりじりと照りつけられ、地表付近が暖められることで強い上昇気流が発生します。そして積乱雲ができて夕立が起こります。

夏の大王と手を組む大陸の帝国「チベット高気圧」

夏の大王の治世下では、ときおり異国と交易を行なっています。夏の大王と交易を行う大陸の異国が「**チベット帝国**」こと「**チベット高気圧**」です。

これはチベット高原を中心に出現し、広い範囲を覆います。

毎年ではないですが、ごくまれにチベット帝国は日本まで侵攻することがあります。夏の大王と同盟を結び、よりいっそう日本に圧力をかけます。つまり、猛暑をもたらすのです。

夏の終わりにやってくるタイフーン提督

夏の終わり、南国から黒船に乗ってやってくるのが**「タイフーン提督」**です。タイフーン提督は強い目力の隻眼が印象的。日本という新天地で後世に名を残したいという暑苦しい野望が渦巻いています。

タイフーン提督はペリー提督とは違って、日本を訪れても開国を迫ることはありませんが、強い風や大雨を発生させて、日本各地を荒らしまわります。

チベット帝国「チベット高気圧」

タイフーン提督

4 季節の戦国時代

第一幕：冬将軍の極寒支配とその零落

さあ、登場人物をひととおりご紹介しました。これから1年の季節の移り変わりを“戦国時代劇”になぞらえて説明します。物語のはじまりは冬。最初に登場するのは「冬将軍」(114頁)です。

冬将軍の冷酷な支配と西高東低時代

日本の冬を支配する「冬将軍」。シベリア付近に鎮座し、乾燥した寒冷な大気で構成されています。冬将軍は冷たい北西風を日本に放出します。これが冬の季節風で、日本列島は寒さに苦しめられます。

この時期の天気図を見ると、シベリア付近には**「冬将軍（高気圧）」**があり、そして太平洋側には「低気圧」があります。つまり、西に高気圧があり、東に低気圧があるという気圧配置で、**「西高東低（の気圧配置）時代」**です。

そして、高気圧と低気圧の間には何本もの縦じま模様の等圧線が見られます。冬の季節風が活発に吹く、といういわば旗印です。

日本海側の豪雪は騎馬隊の仕業

冬の季節風は、もともとは乾燥した風なのですが、**日本海を渡るときに水蒸気を含んで湿った風になり、「すじ状の雲」を発生させます。**そう、これが「騎馬隊」（119頁）です。

皆さんも冬に露天風呂に入ったときに似たような現象を目にすることができます。水面を風が通ると、風の通り道の形に湯気ができるのが見えるはずです。これと同じことが冬の日本海でも起こるのです。

日本海の水温は10℃程度と、人間がつかると凍えてしまうような冷たさなのですが、冬将軍が放つ季節風は零下になり、非常に冷たいので、**日本海は季節風にとっては露天風呂のような存在**です。

こうして、騎馬隊は日本に侵攻すると、日本列島の真ん中を走っている山脈（脊梁山脈）にぶつかります。すると、そこで雪を降らせます。これが日本海側の豪雪が発生する仕組みです。日本よりも寒い場所は世界にたくさんありますが、日本のこの地域のような豪雪地帯はそうお目にかかれるものではありません。

太平洋側は脊梁山脈で守られる

日本海側で大雪を降らせた「騎馬隊」は、山にぶつかって雪を降らせると馬から降りてしまい、**山を越えると乾燥した季節風に戻ります**。これは**「からっ風」**と呼ばれています。そのため、冬の太平洋側にはめったに雪が降りません。脊梁山脈は騎馬隊の侵攻をなんとか食い止めているわけです。

とはいえ、「からっ風」はとても冷たく、外に出るのが億劫になります。また、乾燥しているため、火事も発生しやすくなります。夜に聞こえる「火の用心」の掛け声は冬の風物詩です。

冬将軍の〝二本槍〟が太平洋側に荒天をもたらす

冬将軍の軍事力は騎馬隊だけではありませんでしたね。冬将軍には「二本槍」（120頁）と呼ばれる強力な側近がいます。この武将たちの名は、**「南岸低気圧」**と**「爆弾低気圧」**。

冬将軍は二本槍に命令し、支配が思うように行き届かない太平洋側の支配を強めようとします。

1月や2月になると、太平洋側でも大雪が降ることがありますが、この犯人こそが、二本槍のうちのひとつ、**「南岸低気圧」**です。太平洋側の南岸をかするように西から東へと通過するため、このように呼ばれているのです。

しかし、南岸低気圧は気まぐれ。冬将軍への忠誠心は薄く、冬将軍からの報酬、すなわち寒気が十分でなかったり、地表付近の空気が十分に乾燥していなかったりすると、雪ではなくて雨をもたらします。ときにはちょっと寄り道して日本付近から離れてしまい、太平洋沿岸には雨すら降らないことも。**雨が降るのか雪が降るのか、それとも何も降らないのか。太平洋側の雪の予報が難しいのは、そのような事情があるのです。**

もうひとつの「爆弾低気圧」は、対照的にとても忠誠心にあふれ、仕事をきっちりこなします。冬将軍からの禄を得て急速に発達して、**ときには台風並みの強い風を吹かすことも。**船の転覆や北日本の吹雪など、さまざまな災害をもたらします。

冬将軍の零落。下剋上の乱世がはじまる

さて、冬の間絶大な勢力を誇っていた冬将軍は、いつまでも健在なわけではありません。盛者必衰、おごれる者は久しからず、です。季節の移ろいとともに勢力を弱めていきます。

冬将軍の勢力が弱まると、今まで押さえつけられていた勢力がようやく動き始めます。長い冷酷な支配に不満をためていたのが**「さすらい親分」**（116頁）。冬将軍の

勢力が弱まったら、「機は熟した」とばかりに偏西風に乗って日本を訪れます。

大陸生まれのさすらい親分は、さわやかで暖かい性格。日本列島にポカポカ陽気をもたらしてくれます。しかし、さすらい親分の陽気な顔だけに騙されてはいけません。実はさすらい親分は「不逞浪士」（118頁）を従えて日本列島を通過するため、「不逞浪士」が道中で暴れまわります。強力な支配者がいないということは、治安が悪化するものです。

不逞浪士による「春一番の乱」

冬将軍の支配が弱まると、ついに「不逞浪士」による「春一番の乱」が勃発します。動乱の時代の幕開けです。春一番の乱によって強い南風が吹き、一気に日本が暖かくなります。しかし、冬将軍はまだまだしぶとい。最後の悪あがきをしてふたたび季節風を日本に送り込みます。それでも、冬将軍にはかつての勢力はありません。

こうして、冬将軍の勢力の弱まりとともに、「さすらい親分」と「不逞浪士」が周囲の空気を引っ掻き回しながら通過して、次第に日本は暖かくなっていきます。4月ごろは、さすらい親分と不逞浪士は仲良くコンビで動くため、晴れる日と雨の日が周期的に変わっていきます。

しかし、そのコンビは徐々に決裂をして、5月ごろになるとさすらいの親分の単独行動となり、晴れの日が続くようになります。このような気持ちのよい陽気は**「五月晴れ」**と呼ばれます。ちなみに「五月晴れ」は、もともとは旧暦における五月の晴れ、すなわち梅雨の中休みを指す言葉でした。

第二幕：天下分け目の「梅雨が原」と夏の大王の圧政

冬将軍がすっかり零落し、乱世が訪れたところで、あらたに天下統一の野望を抱く者が登場します。その名は太平洋に鎮座する**「夏の大王」**（113頁）。第二幕は「夏の大王」の天下統一とその治世の物語です。

「北海の女王」率いる北軍と「夏の大王」率いる南軍が衝突する梅雨が原

太平洋東部で生まれた「夏の大王」は、ムクムクと勢力を強め、日本の覇者となるべく北上を目指します。しかし、その進撃を阻む者もいます。それはオホーツク海で生まれた**「北海の女王」**（116頁）です。「北海の女王」が率いる北軍と、「夏の大王」が率いる南軍が武力衝突するのが天下分け目の「梅雨が原の戦い」。はい、梅雨のことですね。ふたつの高気圧の境目に停滞前線ができ、長雨が約1カ月間続くのです。歴史上の関ヶ原の戦いが約6時間で勝敗が決まってしまったのに比べて、こちらの戦いは長丁場です。

ふたつの高気圧の境目、まさに戦いの最前線では**「足軽隊」**（120頁）による死闘が繰り広げられています。どちらの陣営の足軽たちも隊列を組み、最前線の足軽が武器を放ったら背後の足軽と交代します。その繰り返しで延々と戦いが続くのです。

冷たく湿った北軍の武器は弓矢で、しとしとと静かな雨を降らせます。これに対して高温多湿な南軍の武器は、南蛮渡来の鉄砲です。ダダダダっと豪快な大雨を降らせることもあります。

北軍と南軍の進撃は日によってころころ変わり、前線の位置も北に行ったり南に行ったりします。この時期はちょっと前線の位置がずれただけで雨の降り方が変わったり晴れたりするので、天気予報が当たりにくくなります。

梅雨明け宣言、そして夏の大王が覇者となる

梅雨が原の戦いは長期戦となりましたが、「夏の大王」は次第に勢力を強めていき、南軍の「足軽隊」の銃撃も激しくなります。一方でクールな「北海の女王」は、無駄

な流血は好みません。北軍が劣勢となるや、とつぜん白旗を掲げて降伏宣言をします。「梅雨明け宣言」です。
　すると、梅雨前線は一気に壊滅し、「夏の大王」はとうとう天下統一へ。いよいよその治世がはじまるのです。
　しかし、ときには「夏の大王」の勢力がいつもよりも強まらないこともあります。そんなときは、日本の北部だけが「北海の女王」の支配下に入ることもあります。これが冷夏をもたらし、北日本を中心に日照不足と低温で作物がうまく育たなくなって、日本は不毛の土地になってしまうのです。

南高北低時代「灼熱の圧政」

さあ、「夏の大王」の天下がやってきました。この時期は日本の南側を「夏の大王（高気圧）」、北側が低気圧という気圧配置になるので、**「南高北低（の気圧配置）時代」**となります。

「夏の大王」のもとで日本列島はまとまった雲が発生しにくく、晴れの日が続きます。じりじりと照りつける太陽、ムシムシと蒸し暑い空気。強欲な「夏の大王」の治世は鎖国政策で侵入者を拒みながら「灼熱の圧政」を行ない、民に対して暑さをかけていきます。

「夏の大王」の治世では鎖国政策を行なっていますが、「夏の大王」自身はときには大陸の**「チベット帝国」**（121頁）と同盟を組むこともあります。そしてますます圧政が強まり、記録的な暑さ（猛暑）をもたらして下々を苦しめるのです。

不満も勃発「夕立一揆」

しかし、「夏の大王」の圧政にも限界が見え始めました。当然ながら、民の間に不満がたまってきたのです。

太陽の照りつけによって地面が鉄板のように熱くなると、その地表付近の空気も暖まります。熱い空気は周囲より軽いので上昇します。そして強い上昇気流により、「入道雲」ができるのです。ソフトクリームのような形の雲がムクムクと林立する青空は、夏ならではの風景です。

入道雲は遠くから眺める分にはきれいなものですが、その真下では大変なことが起こっています。入道雲からは大雨が降り、雷が鳴ることも。そう、これが**「夕立一揆」**（121頁）。夕立一揆は地域を問わず、日本各地で同時多発的に勃発します。こうして夏の大王の勢力にも陰りが見え始めてくるのです。

第三幕：栄枯盛衰。再び乱世がはじまる

圧倒的な勢力を誇っていた夏の大王の天下も長くは続きません。知らず知らずのうちに北方にはあらたな勢力が台頭してきています。そして季節は繰り返し……。

北方同盟と秋雨戦争

「夏の大王」が各地で勃発している「夕立一揆」に手を焼いている頃、シベリアでは「冬将軍」の忘れ形見が人知れずりりしい若者に成長し、世直しの風雲児としてひそかに人望を集めていました。めきめきと力をつけはじめた冬将軍二世は日本の窮状を何とかしたいと思いながらも、まだまだ強大な夏の大王の前では太刀打ちできません。

そこで、ひっそりと暮らしていた北海の女王と北方同盟を結んで夏の大王に戦いを挑みます。冬将軍二世と北海の女王の連合軍と、夏の大王の軍勢との間には秋雨前線ができ、そこではふたたび両陣営の軍隊が次の覇権を懸けて戦います。これがいわゆる「秋雨戦争」です。

夏の大王の隙を突くタイフーン提督

「夏の大王」の勢力が弱まったと聞きつけて、チャンスとばかりにこの時期にやってくるのが**「タイフーン提督」**です。

黒船という風に乗ってはるか南の国からはるばるやってきますが、今までの「夏の大王」の鎖国政策のもとでは、日本に近づくことはかないませんでした。しかし、「夏の大王」の勢力が弱まれば、日本に上陸するのも夢ではありません。秋には台風が頻繁に訪れることになります。

「タイフーン提督」は、ときには秋雨戦争にも参戦して、さらに日本を混乱させます。まさに内憂外患です。

冬将軍二世の勝利。そして日本は穏やかな陽気に

さて、秋雨戦争の結末は、「夏の大王」が大政奉還し、錦の御旗を掲げた「冬将軍二世」と「北海の女王」の連合軍が勝利をおさめました。戦乱に乗じてさんざん日本を引っ掻き回した「タイフーン提督」は、時の移ろいとともに暑苦しい野望が消えうせてしまったようです。

「北海の女王」は勝利したものの、日本の統治を「冬将軍二世」に任せて、ひっそりと去ります。どこまでもクールです。

こうして冬将軍二世があらたな日本の覇者に。風通しのよい治世に惹かれて再び「さすらい親分」が日本を訪れ、ときには「小春日和」と呼ばれるようなポカポカ陽気がやってくるのです。ちなみに小春日和とは、晩秋から初冬にかけて暖かくなった

晴天を指し、春の日和ではありません。

そして歴史は繰り返す

英雄としてもてはやされていた「冬将軍二世」も、次第に父のような冷酷な支配者に変化し、軍事力を強化させていきます。そして再び「騎馬隊」を日本に送り込むようになるのです。

ああ、歴史（季節）は繰り返す。どんなに志が高くても、おごれる者は永久には続きません。力が衰えると、すぐに他の勢力が強まり覇権争いを繰り返します。この世（季節）は盛者必衰なのです。

5 黒幕をあやつる真の「黒幕」

いかがでしたでしょうか。1年の季節の移り変わりと、日本をとりまく「高気圧四天王」の栄枯盛衰を時代劇にたとえて解説してきました。

しかし、そもそもなぜ4つの高気圧は栄枯盛衰を繰り返すのでしょう。それはこの季節の黒幕をも動かす、さらなる黒幕が存在するからです。

地軸の傾きが季節を生み出す

その、黒幕の黒幕とはいったい何なのか……。その答えは、太陽！　いや、厳密にいうと**「太陽の光の当たり方」**です。

地球は太陽のまわりを1年かけて1周していることは、よくご存じだと思います。**「公転」**です。そして、地球はコマのように**「自転」**しています。このコマの軸となるものは**「地軸」**と呼ばれているのですが、地軸は、地球の公転面に対して直立しておらず、約23度傾いています。

するると、公転をして太陽との位置関係を変えながら、太陽の光の当たり方が変わってくるのです。夏では、日本付近は太陽と地平線の角度（高度角）が大きくなり、太陽が高く昇ります（43頁図9）。逆に冬では高度角が小さくなり、日本から見ると太陽は低く昇ります。太陽の光の入り方が変われば、第2章で説明した地球が受け取るエネルギーが変わってきます。たとえば、夏の大王は、これまでよりも活発になったり、衰弱したりするのです。

そう、太陽がまさに黒幕たちを動かす黒幕なのです。

がら気象庁の計算機へ移植、コマンドを実行。まさに緊張の一瞬でした。TGS は無事に動作し、すぐに解析結果が出てきました。私も筆保さんも笑顔がこぼれました。ついに、気象庁 TGS という渦が出来上がったのです。開発から 10 年が経っていました。

「気象学」は防災に直接結びつく学問です。研究者は「いつか何かの形で役にたてば」と思って研究を進めています。その意味で我々が開発したツールが活きる場を与えられた事にはとても誇りに感じます。それを実現したのは、ツールのよしあしだけでなく、人と人のつながり、人の輪だと思います。輪がぐるぐる回り、強くなる事で 1 つの渦が発生するのです。

コロラド大学ボルダー校　吉田龍二

◎走り抜けた研究室の日々

筆保先生から「森田は研究室のメンバーを巻きこんで、体を張った観測の研究をしてもらいたい」と言われ、待っていたのは研究と称して筆保先生の無茶ぶりに応える日々でした。趣味で乗っていたクロスバイク「エリザベス号」は、温度計と GPS とカメラを取り付けた異様な出で立ちに改造され、観測車「オブザベス号」と改名させられました。そして、このオブザベス号に乗り込み、横浜の坂だらけの街を、暑い夏の日、縦横に走り続けるというまさに体を張った観測プロジェクトが実行されたのです。この観測により、横浜市の市街地は海に近いことで結構すずしいことがわかりました。文字通り“走り抜けた”研究室生活での濃密な日々は、私の心の中でさわやかな青春として、今も色あせず残っています。

森田隆之（第 5 期生）

コラム

「そらの研究室」より

◎輪がぐるぐる回った台風発生診断システム気象庁導入の道

現在、気象庁で「台風発生環境場診断システム (TGS)」という解析システムが稼働しています。TGS は台風が発生した環境を自動的に解析し、発生の原因となった大気の構造を教えてくれます。これは TGS の誕生から実用化までを描いた真実の物語です。

2008 年、私が学生の頃、台風の発生過程に興味を持ち TGS の開発を始めました。既に発生環境場を調べる手法は発表されていましたが、人の手で解析するもので活用には自動化が必要だったからです。数学やプログラミングを勉強しながら、食事中も通学途中もアルゴリズムを考えていました。

2013 年に TGS の種ともいうべき最初のシステムが完成しました。新しい手法にはいろいろ試験が必要です。TGS の有用性を証明するために筆保さんとの共同研究が始まりました。2017 年、“種” の特徴が違えば成長した台風の性質が異なることを見つけました。たとえば、東西の風がぶつかる場所で発生した台風は日本に上陸しやすいのです。この情報は、予報に役立てられるかもしれません。ここから TGS は急発達します。気象庁の方が興味を持ってくださり、テスト導入の話が立ち上がったのです。気象庁にお邪魔して議論を重ね、システムの改良とテストに打ち込んでいると矢のように日々が過ぎました。

2018 年 6 月、気象庁導入当日の朝、最後の試練を迎えます。気象庁近くの喫茶店で筆保さんと最終確認を行なっていたとき、図の一部が描かれないバグが見つかりました。初日からまともに動かないようでは使ってもらえるはずがありません。筆保さんに先に気象庁へ入って時間を稼いでもらい、問題を必死で探しました。なんとか修正を完了させて会議室へ飛び込み、ドキドキしな

コラム 「そらの研究室」より

◎見上げた青空はつながっている

現在、私は中学校で理科教師をしています。研究室にいたころ、筆保先生から言われた「モノづくりを武器にしろ」という言葉を信じ、「熱中症観測装置コロスケ」などを手づくりしました。今はその経験を生かし「生活と結びつく気象教育」を目指しています。しかし学校現場では、地学分野を専門とする教員も少なく、空の観測測器は十分とはいえないのが現状です。そこで、モノづくりを武器に、牛乳パックで百葉箱や、ピンポン玉で温度計をつくったりしています。教材の開発は大変ですが、子どもたちの空を見上げる無邪気な表情を見ていると、まだ何もない初年度の研究室だけど、屋上に上がって、たった4人で「空観測」をして見上げた青空が思い出されます。そして、新しい力が湧いてくるのです。

中学校教諭　曽屋愛優香（第1期生）

◎空を追いかけた先は海？　そしてアナウンサー？

卒業研究テーマを決めかねていた私に「海、潜っちゃう？」と筆保先生からひと言。「えっ、海ですか？　ここ空の研究室ですよね!?」。そして、「湘南 DIVE.com」と研究室の共同観測が立ち上がり、Team UMＩを結成。私の〝空の研究者〟としてのダイバー生活が始まったのです。そんな私は、現在、とあるテレビ局でアナウンサーをしています。夕方のニュース番組、グルメ番組と毎日忙しいです。目の前の瀬戸内海を眺めながら、ダイビングに夢中になったあの研究室の日々を思い出して頑張っています！

アナウンサー　赤木由布子（第8期生）

コラム
「そらの研究室」より

◎海と空をつなげる筆保研究室との共同観測

私は神奈川県葉山町でダイビング店「湘南DIVE」を運営しながら、数年前からは、海の気象を伝える気象予報士としても活動しています。海の様子を定点カメラで24時間ライブ中継するとともに、ダイバー向けの海の気象予報を配信しています。

ダイバーは時には水深50メートル前後まで潜り、波の強さやウネリ、透明度や潮のしょっぱさまで、大海原を肌で感じることができます。潜る度にその様子は変わり、同じ日はありません。潜水するかどうかを判断する際、ダイビングの世界ではこれまで「気温の高くなる日中は風が吹いて海が荒れる」とか「この地形でこの向きの風が吹くと透明度が上昇する」など、経験則をもとに気象や海象を判断する「観天望気」に頼ってきました。これももちろん大切ですが、気象学的な根拠に基づき海象を理解・予測することも重要と考え、気象の勉強を始めました。

筆保先生のことを知ったのは、気象予報士試験の勉強中。『台風の正体』という先生の著書を夢中になって読みました。試験合格後に交流が始まり、2017年から海の近くにある私の店の屋上で、筆保研究室と空の共同観測プロジェクトを始めました。2019年、相模湾の海風の研究として、パイロットバルーン観測を共同実施しました。学生さん達は前日から私の店に泊まり込み、朝4時に起床。猛暑の中、暗くなるまで観測を数日続けました。観測の合間にした、恋の話や学生生活の甘酸っぱい話が印象的です。この研究をまとめた卒論を学生さんが届けてくれた時には胸が熱くなりました。これからも空と海をつなげる活動のお手伝いをしたいと考えています。

湘南DIVE.com　CEO　関田昌広

葉山ポイント定点カメラLIVE配信

第4章

異常気象の真犯人はだれだ？

猛暑、暖冬、記録的な豪雪……はなぜ起きる？

1 「最近天気がおかしい」の真犯人は？

２０１９年から２０２０年にかけての冬、日本は記録的な暖冬でした。２０１９年の秋は、大型台風や豪雨に日本各地が襲われました。世界に目を向けると、２０１９年にはアメリカ、ブラジルで大洪水、欧州やインドでは未曽有の熱波が発生しています。これだけ異常が続くと、もはや正常がどうだったか忘れてしまいそうですよね。報道は、こぞって近年の異常気象多発は「地球温暖化」が犯人だとまくしたてます。しかし本当に、全て地球温暖化が悪いのでしょうか？

この章では最近の異常気象をもたらしている真犯人を探すために、地球温暖化だけでなく、他の容疑者も紹介したいと思います。

2 そもそも異常気象って何？

突然のゲリラ豪雨、人が次々に熱中症で倒れる猛暑。交通機関が麻痺する豪雪……。異常気象とともに、そこには決まって**「観測史上初」**や**「記録更新」**という言葉がニュースから飛び出してきます。スポーツ界で何十年もかかって記録更新されるのと比べると、気象界ではいとも簡単に記録を塗り替えているように感じます。しかしそこには、〝言葉のカラクリ〟があります。

まずは「異常気象」の定義から見ていきましょう。

「異常」と「平常」の差

そもそも**「異常気象」**とはいったい何なのでしょうか。一般的には、過去に経験した大気現象から大きく外れたような現象が起こったときに「異常気象」という言葉を使います。気象庁では、**「ある場所（地域）・ある時期（週、月、季節）において30年に1回程度で発生する現象」**を異常気象と定義しています。

異常気象とともに出てくる「平年並み」の値、さらには「平年より高い」「平年よりも低い」という言葉を耳にすることも多いと思います。平年値の値を算出するのには、過去30年分の気温や降水量などの観測データが使われています。

過去のデータを低い（少ない）値から高い（多い）値まで並べ（図24）、低いほうから10年分の範囲を「低い」、真ん中10年分の範囲を「平年値」、高いほうから10年分の範囲を「高い」とします。そして、並べた数値の下位10％に入る場合は「かなり低い」、上位10％に入る場合は「かなり高い」と検証しているわけです。

ここで、**「平年値」は「平均値」と違うのか**、という疑問が出てきます。30年分のデータを全て足して30で割れば簡単に「平均値」は出ます。しかし、たとえば図24の右端にあるデータのように、ある年にこれまでと比べてかなり大きな値があった場合、その異常な年の値を入れた平均値はそれにひっぱられて偏った値になり

図24　平年並みと平年より低い高い

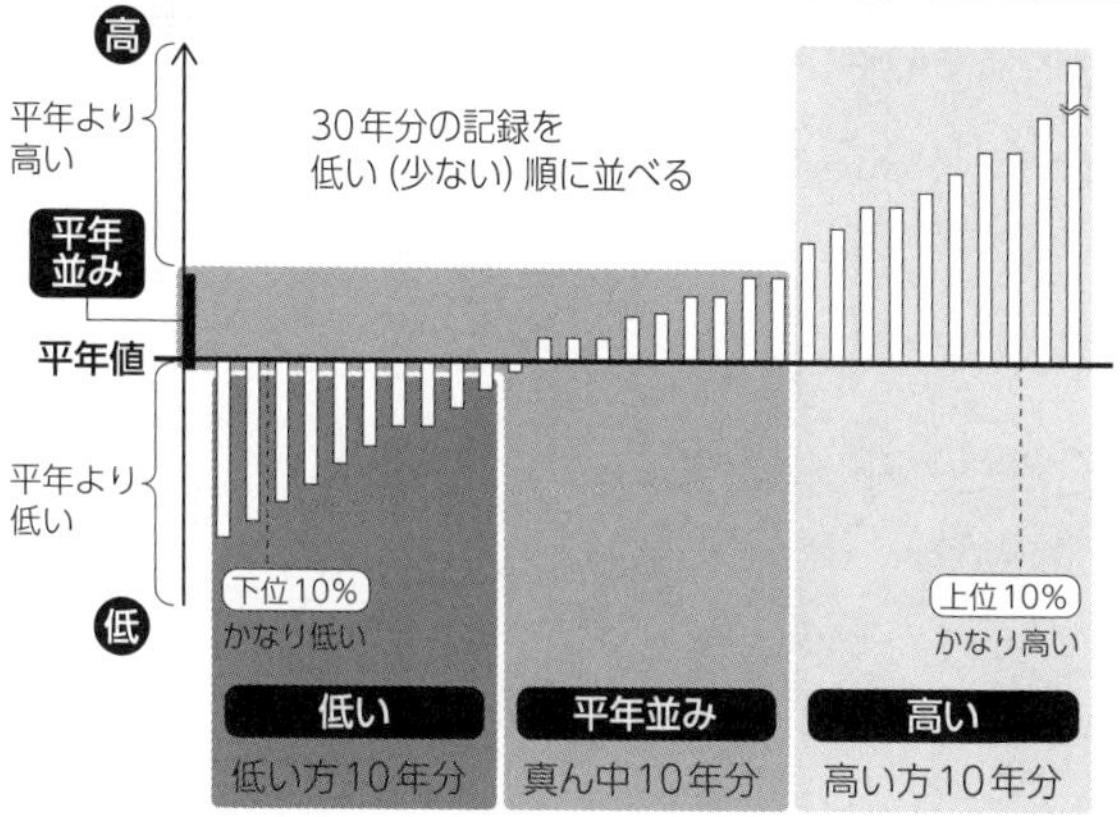

ます。しかし、前述の「平年値」であれば、**大きくはずれた値の年が1年あっても平年値にはほとんど影響が出ません。**

「平年値」を出すことは10年単位で行なわれていて、**10年間は同じ平年値を使っています。**

たとえば2019年や2020年がどういう年だったかを検証する場合は、1981年から2010年までの30年間の平年値が使われます。ちなみに、2021年は、1991〜2020年の30年間の平年値が使われます。

ちょうど2020年と2021年で、平年の値が変わります。この2つの年が同じ平均気温でも、片方が「平年並み」

でもう一方が「平年より高い」と検証結果が変わることが起きるかもしれませんね。

繰り返される「観測史上初」のカラクリ

皆さんは「今年は観測史上初の記録が50件もありました」と聞くと、とんでもない天変地異が起こっているかのように感じるのではないでしょうか。

しかし、**「観測史上初」**となるのは、実はそうめずらしくはありません。気象庁に伺ったところ、「年間50件くらいであればさほど多いうちには入らない」という回答をいただいたことがあるのです。

この「観測史上初」という言葉が多発するのにはカラクリがあります。

まず、気象庁の定義する**観測史上初**とは、**ある観測所で観測を開始してはじめて出た観測値のことをいいます。**

そもそも、日本全国には約1300カ所の観測所があります。また、ひとつの観測所での観測項目には、気温をはじめ、雨量や風速、積雪深など、たくさんあります。

つまり、「約1300カ所×複数の観測項目」で、1日の観測値だけで膨大な量になるのです。その膨大な中で「初」の記録が出るのは決してめずらしくない、ということです。

そう考えると、「観測史上初」という言葉を頻繁に聞いても、必要以上に異常ととらえる必要はないということです。

◎毎日の観測史上1位を記録した観測所（気象庁ＨＰ）

3 異常気象をもたらす容疑者たち

猛暑や冷夏、寒波や大雪、豪雨や干ばつなどの異常気象の裏では、それを操る犯人がいます。一つひとつの豪雨を丹念に調べてみれば、いつも同じ犯人ではなく、事例によって要因は違ってきます。しかし、ある程度のパターンがあります。ここでは、日本で**異常気象をもたらしている容疑者**たちを紹介していきましょう。

容疑者その1：はるか南米で起こる「エルニーニョ／ラニーニャ現象」

異常気象をもたらす犯人としてもっともよく知られているのが、**「エルニーニョ現象」**です。これは、東太平洋の赤道付近に当たる南米沖で、平年よりも海面水温が高くなる現象です。

もともと太平洋の赤道付近では、貿易風と呼ばれる東風が一年中吹いています。赤道付近の表層にある暖かい海水は、貿易風によって西へ西へと吹き寄せられています。同時に、南米沖では、深海の海水が湧き上がる**「湧昇《ゆうしょう》」**が起きます。深海の海水温は低いので、湧昇によって南米沖の海面水温は他よりも低くなり、そこから東太平洋の海面水温は低くなります（157頁図25）。

しかし、この貿易風がいつもよりも弱いときに、西側に吹き寄せられていた暖かい海水が西側に吹き寄せられにくくなります。すると、いつもよりも湧昇が起きにくくなり、東太平洋の海面水温はあまり下がらなくなります。つまり、**南米沖の海面水温が平年よりも高くなるエルニーニョ現象が起きます。**エルニーニョ現象は一度起きると、半年から1年ほど続きます。

海面水温と大気は深い関係があります。海面水温が高いと、そのすぐ上の大気も暖められて上昇気流が起こりやすく、雲が活発に発生します。エルニーニョ現象によって海面水温の高い場所が変わることで、雲のできやすい場所も変わるのです。

エルニーニョ現象が起こる年の夏は、太平洋高気圧の活動があまり活発ではなくなるため、**日本では冷夏になる**傾向にあります。一方冬では、後述する偏西風の蛇行にも影響して、暖冬になりやすいです。

エルニーニョ現象とは逆の**「ラニーニャ現象」**というものもあります。こちらは、貿易風がいつもよりも強いときで、西側に吹き寄せられていた海面表層の温かい海水が、より西側に吹き寄せられるようになります（図25）。そうして、平年よりも南米沖の海面水温が低くなるわけです。ラニーニャ現象が発生した場合、エルニーニョ現象と反対で、**日本は猛暑になりやすい**です。

エルニーニョ現象とラニーニャ現象は、交代して起きるというわけではなく、エルニーニョ現象が終息した数年後にまたエルニーニョ現象が起きることもあります。

容疑者その2：インド洋版エルニーニョ「インド洋ダイポールモード現象」

エルニーニョ現象は太平洋で起きている現象でした。しかし、インド洋にもエルニーニョ現象と似た現象があります。それが**「インド洋ダイポールモード現象」**です。

インド洋東部と西部の海面水温の平年値からの差を見ると（159頁図26）、**2つ**

図25　エルニーニョ現象とラニーニャ現象

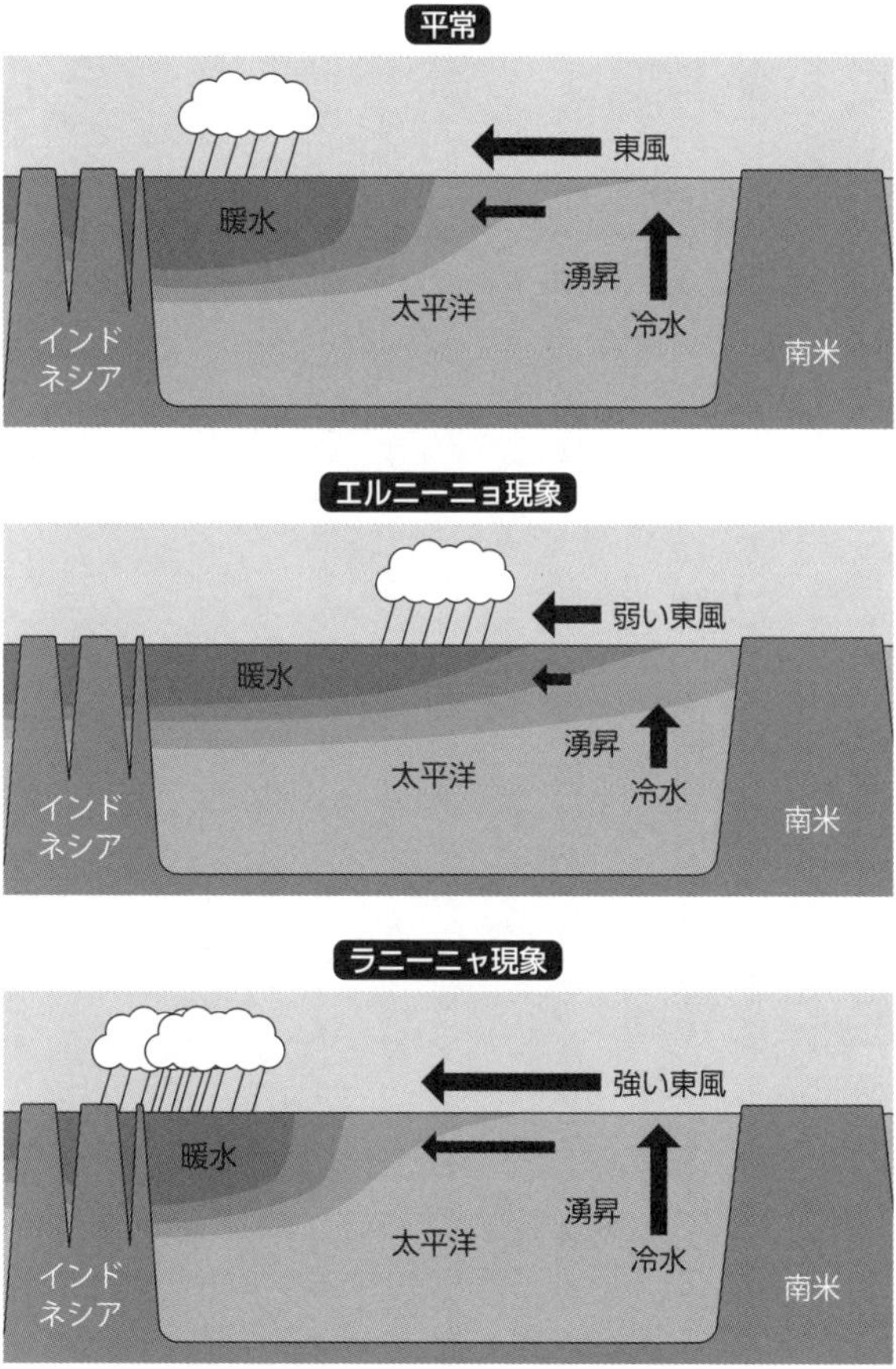

の異なる符号、つまりプラス（正）とマイナス（負）が見られます。

この2つのプラスマイナスという極を持つことから、「ダイ（ギリシャ語で2）ポール（極）」と名づけられました。

インド洋の海水は普段は東側のほうが高い傾向にあるのですが、何らかの理由で西インド洋の海面水温が平年より高くなると、インド洋上空に雲ができて雨が降ります。そして、アフリカが豪雨に、インドネシアからオーストラリアは干ばつに、日本では猛暑になる傾向にあります。これを**「正のダイポール」**といいます。

逆に、東インド洋の海面水温が平年よりも上がり、その分西インド洋の海面水温が平年よりも冷たくなるときは**「負のダイポール」**といいます。このとき、東南アジアやオーストラリアの雨が増えますが、日本への影響はあまりはっきりとしません。

インド洋ダイポールモード現象も数年に一度程度の頻度で発生しますが、**「エルニーニョ現象」が起きると、その影響で「正のインド洋ダイポールモード現象」が起きやすくなる**ことがわかってきました。エルニーニョ現象が夏を迎える前に終わると、その後、夏から冬にかけて「正のインド洋ダイポールモード現象」が起きるのです。

図 26　インド洋ダイポールモード現象と異常気象

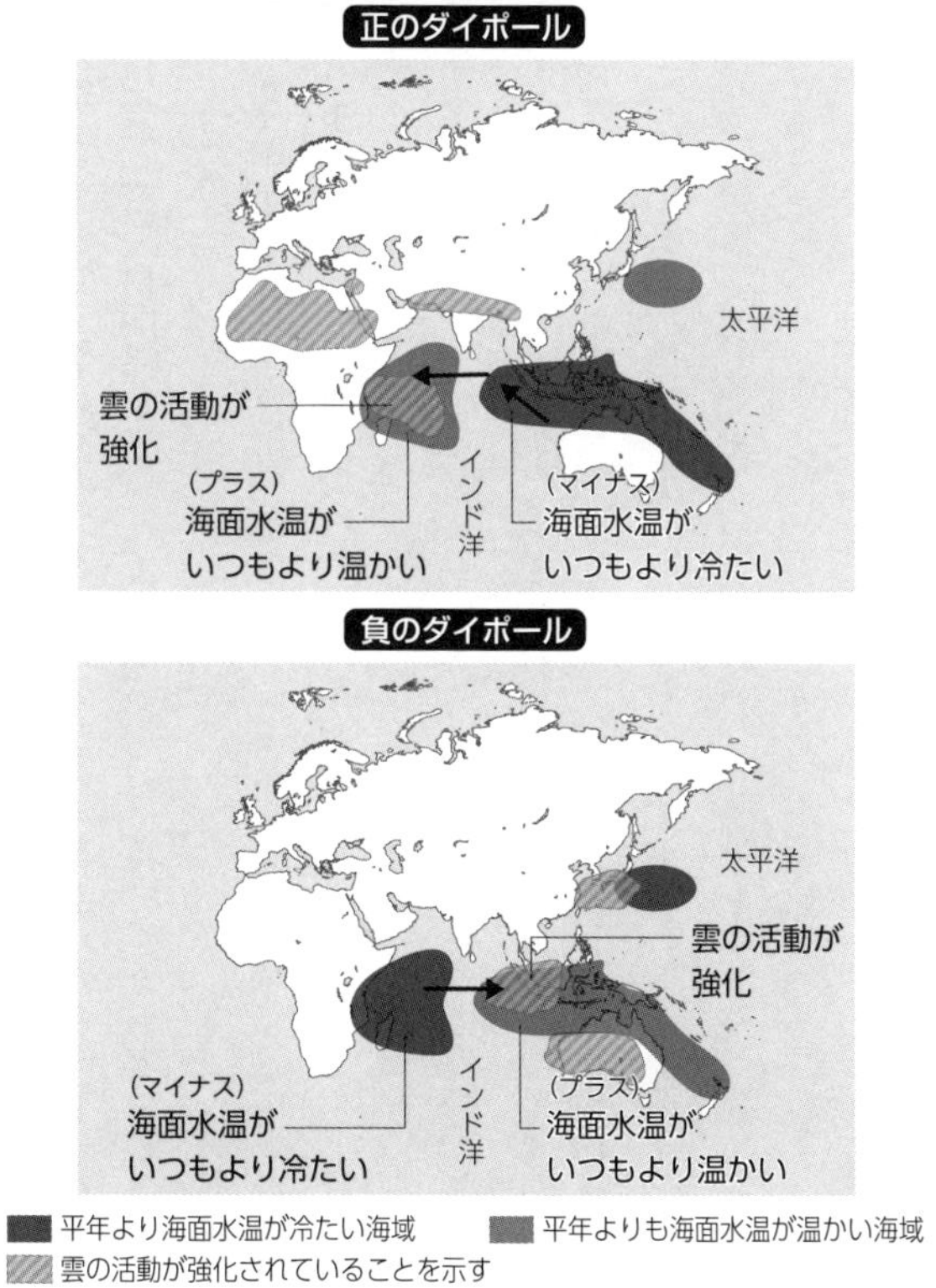

上はインド洋の海面水温が高い正のダイポールで、下は東インド洋の海面水温が高い負のダイポール

出典：『図説　地球環境の事典』吉崎正憲・野田彰編集代表／朝倉書店を元に作成

また、**ラニーニャ現象が起きた後は、「負のインド洋ダイポールモード現象」が起きやすい**こともわかっています。ただし、インド洋ダイポールモード現象は、エルニーニョ現象と密接に関係しているとは限らないようで、それとは独立して発生することもあります。

２０１９年から２０２０年にかけての冬は記録的な暖冬で、スキー場の雪不足が話題になりましたが、この原因のひとつがインド洋ダイポールモード現象だと考えられています。

２０２０年３月から、気象庁ホームページでもインド洋ダイポールモード現象が過去にいつ、どれくらいの期間で起こったのかの情報が確認できるようになりました。海洋研究開発機構のホームページでも、インド洋ダイポールモード現象の詳しい解説が掲載されています。異常気象の原因としては知名度の低かったインド洋ダイポールモード現象ですが、今後はぜひ注目してみてください。

◎インド洋ダイポールモード現象（気象庁ＨＰ）

容疑者その3：北極の寒気が広がる「北極振動」

エルニーニョ現象やインド洋ダイポールモード現象が熱帯地方の現象だとすると、北極地方では**「北極振動」**が、日本に異常気象をもたらす容疑者のひとつです。「北極振動」は英語で「Arctic Oscillation」であり、その頭文字をとってAOと略されます。

この現象は、主に日本の冬に異常をもたらすものです。**平年よりも暖かい冬「暖冬」か、平年よりも寒い冬「寒冬《かんとう》」をもたらします。**

北極における大気下層での気圧が平年値よりも低いときを「AOプラス」、平年値よりも高いときを「AOマイナス」と呼びます（163頁図27）。

このプラスとマイナスの状態が起きる要因は、北極を中心にしてグルグルまわって吹いている気流**「極夜ジェット気流の強弱」**と関係があると考えられています。

AOプラスのときは、極夜ジェット気流が東西方向に吹きやすいため、北極付近の寒気が極夜ジェットに阻まれて南下できずに停滞します。そのため、**日本など中緯度地方では暖冬になりやすい**です。反対にAOマイナスが発生しているときは、極夜ジェット気流が弱くなり、その流れは南北方向に蛇行しやすく、北極付近の寒気が中緯度地方に向かって流れ込みます。すると、**日本は寒冬**となります。

2012年から2013年にかけての冬は、日本で暖冬になりやすいとされる「エルニーニョ現象」が起こっていたにもかかわらず、寒冬になりました。それは同時に起きていたAOマイナスが要因だったのでは、と考えられています。

容疑者その4：蛇行する偏西風の振れ幅

中緯度付近の上空には偏西風という西風が吹いています。偏西風はいつも西から東へと吹いているわけではなく、時間とともに南や北に蛇のように蛇行しています（165頁図28）。偏西風の蛇行によって、北から南に風が向かっているときは、高緯度の寒気を南へ運び、逆に南から北に風が向かっているときは、低緯度の暖気を運んできます。

図27　北極振動

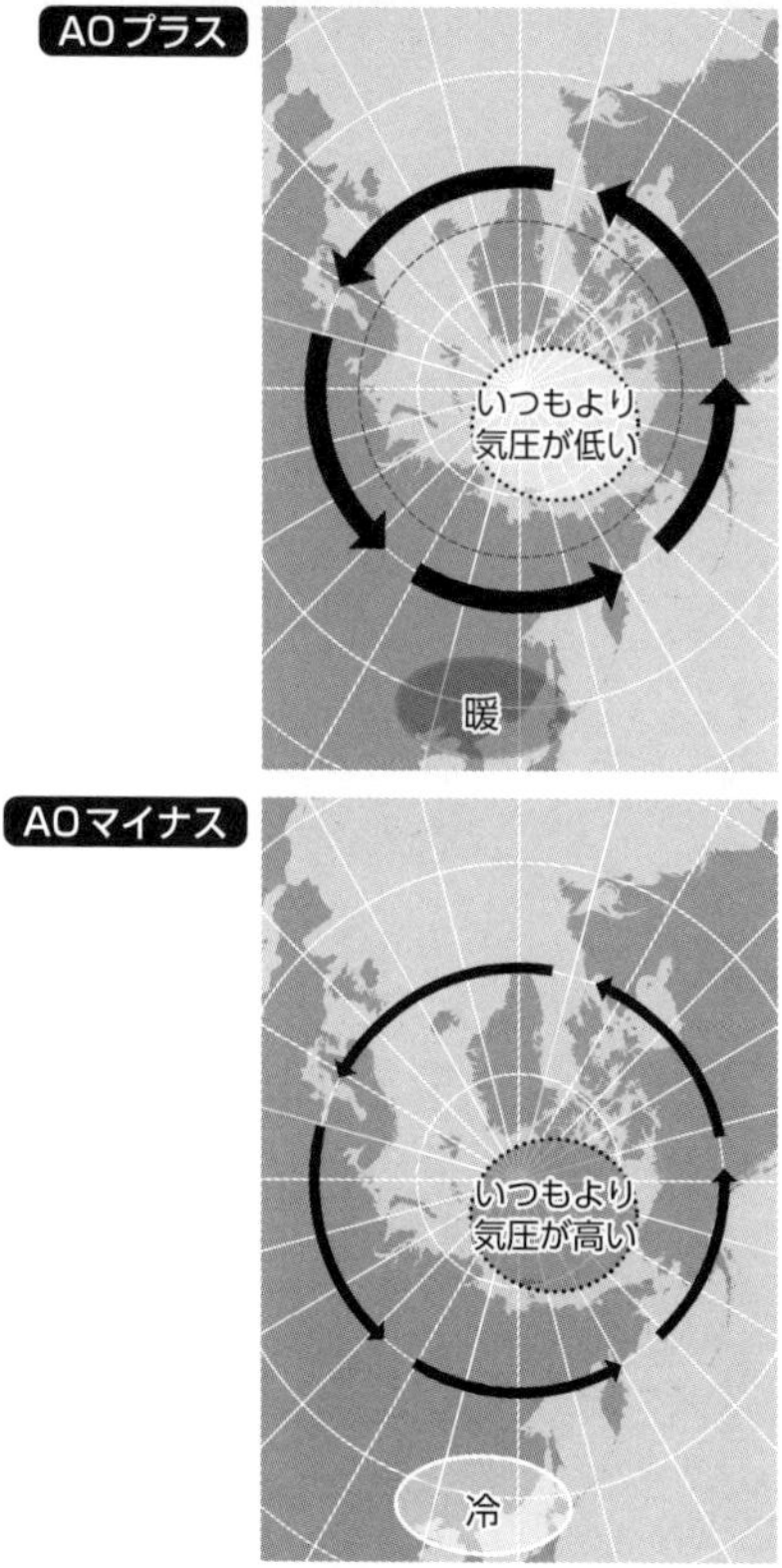

上はAOプラスで、北極に低気圧が居座り、寒気が蓄積されている状態。中緯度は暖かくなる。
下はAOマイナスで、北極に高気圧が居座り、北極の寒気が中緯度に流れて中緯度が寒くなる。

出典：『地球温暖化　そのメカニズムと不確実性』公益社団法人日本気象学会地球環境問題委員会編／朝倉書店を元に作成

この蛇行する偏西風の振れ幅が大きいと、その分、暖気や寒気はたくさん日本上空に運ばれます。

この振れ幅が大きい偏西風の蛇行も、いくつかパターンがあります。

夏では、中東付近の上空から蛇行がはじまり東に伝わっていく蛇行パターンがあり、**「シルクロードパターン」**と名づけられています。このシルクロードパターンが頻繁に起きると、日本では猛暑になる傾向があります。

一方、冬においては、**「西太平洋パターン」**や**「ユーラシアパターン」**といったパターンもあります。西太平洋パターンは寒波をもたらしやすく、頻発するとその年の冬は寒冬になる傾向があります。

容疑者その5：天気をせき止める「ブロッキング高気圧」

蛇行する偏西風が南下する場所では低気圧の風が発生し、北上する場所では高気圧の風が発生します（図28）。この偏西風の蛇行の振れ幅が異常に大きくなると、蛇行にともなってできた高気圧の風が活発になり、蛇行から切り離されることがあります。

図28　偏西風の蛇行と異常気象

平常

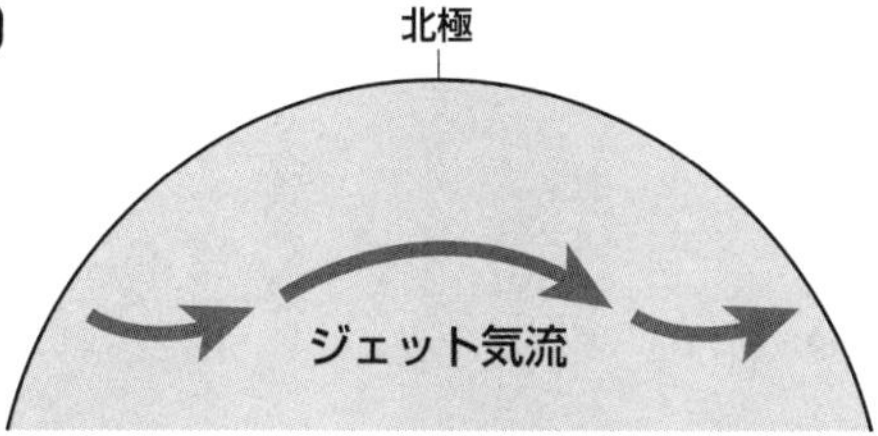

偏西風が蛇行する。

異常

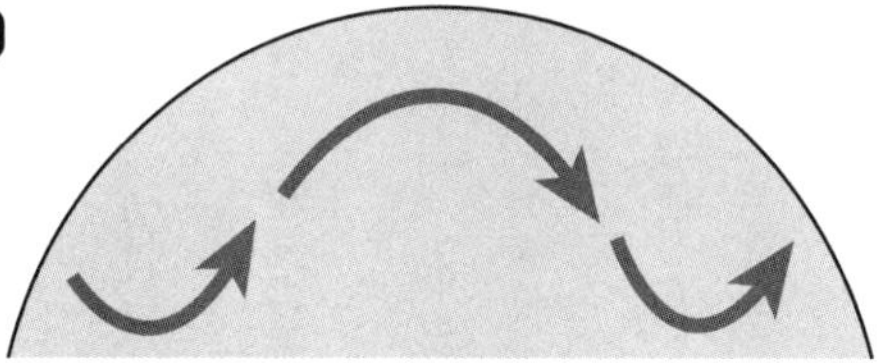

偏西風が大きく蛇行する。
寒気が南下し、暖気が北上して、異常気象を引き起こす。

ブロッキング高気圧

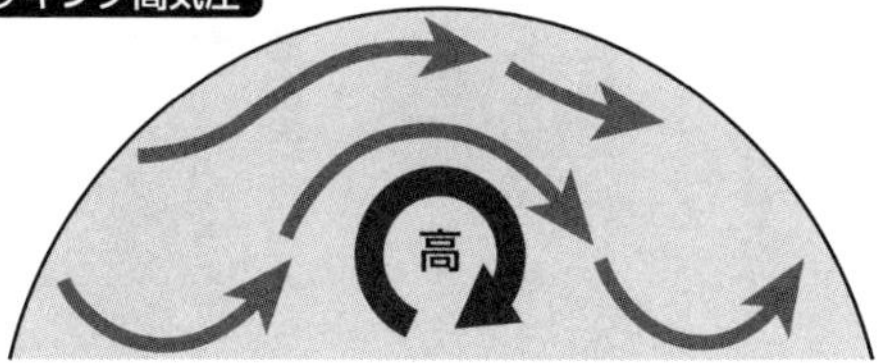

高気圧や偏西風から切り離される。異常気象をもたらしやすい。

出典：『図解雑学　異常気象』保坂直紀著・植田宏昭監修／ナツメ社を元に作成

切り離された高気圧は、偏西風の大きな流れから離れるために、長期間同じ地域に居座りつづけて停滞することがあります。このような現象を**「ブロッキング」**、切り離された高気圧を**「ブロッキング高気圧」**と呼びます。

ブロッキングやブロッキング高気圧が発生すると、その周囲では西風が弱まり、移動性の高気圧や温帯低気圧の西進をブロックして気圧の渋滞が発生するため、**それぞれの地域の天気が変わりにくくなり、長時間の雨や雪などの異常気象がもたらされます。**

ブロッキングが発生した事例としては、**「平成26年豪雪」**が挙げられます。2014年2月14日、急速に発達した低気圧の移動がブロッキングによってスピードが遅くなり、関東・甲信で大雪が長時間降りました。この大雪と暴風雪により、家が壊れたり、電気や水道などのライフラインが機能しなくなったりしました。また鉄道や航空機の運休、道路の不通など、交通障害も発生したため、関東地方の複数の都県で集落の孤立が発生したのです。

4 人類の活動が地球の異変を招く？

これまで挙げた異常気象をもたらす容疑者たちは、地球本来の大気や海の動きです。異常をもたらしている原因と言われながらも、何万年も前から起きていた、いわば**地球システムのひとつ**といえます。

しかし、その地球のシステムには組み込まれていなかったけれど、近年になって容疑者として挙がるものもいます。それは、**人口増加と近代化が要因となるもの**です。異常気象と呼ぶには少し影響範囲が狭いですが、皆さんの生活を脅かすものであるので、ここで紹介します。

ヒートアイランド現象

「ヒートアイランド現象」は、地球全体の温度上昇を指す地球温暖化とは違い、**都市部にのみ見られる現象**です。都市化により、人工的な排熱や環境変化によって、都市部が周囲よりも暖まりやすくなります。

たとえば地面がアスファルトで覆われると、反射率が下がることで（第2章104頁）、土や草原のときよりも太陽の熱で暖まりやすくなります。また、ビルがたくさん建っていると、地表付近に熱がこもりやすくなります。さらに、車の排気ガスやエアコンの室外機などからも熱が放出されます。これらが灼熱の夏や暖冬の大きな原因になっているのです。

ヒートアイランド現象によって、昔に比べて最低気温が25℃以上の熱帯夜や、気温が30℃以上の真夏日が増え、熱中症で救急搬送される人も増えています。

また、ヒートアイランド現象は空気がこもりやすくなることにもつながり、大気汚染にも影響がでます。都会の排気ガスなどが地表付近に溜まったまま、上空へ逃げていかなくなるので、大気汚染が深刻になってしまうのです。

ヒートアイランド現象は、人間以外の生物にも影響を及ぼします。たとえば都会の湾岸部よりも中心部の方が桜の開花が早くなったり、感染症を媒介する蚊も越冬してしまったりするような事例も報告されています。

依然として深刻な「大気汚染問題」

工場地帯の空はなんだか白っぽくて視界が悪いです。これは、**「大気汚染」**が可視化されたものです。日本における大気汚染は、主に夏に発生する**「光化学スモッグ」**、春には中国大陸からやってくる**「PM2・5」**も問題になっています。

光化学スモッグとは、車や工場などから排出される窒素化合物などの大気汚染物質が原因です。この大気汚染物質は、**太陽の紫外線に当たると化学変化を起こし、光化学オキシダントという物質に変化します。**この光化学オキシダントの濃度が高くなると、空では、雲が散乱する現象（第2章71頁）と同じことが起こり、白っぽくなります。

また、目の痛みや咳など人体への影響も出てきます。夏のように晴れた気温の高い日に発生しやすく、大気中の光化学オキシダントの濃度が一定以上を超えると、光化学スモッグ注意報や光化学スモッグ警報などが発令されます。

大気中に浮遊する「PM2・5」というのは、直径が約2・5㎛（マイクロメートル：1㎜の1000分の1の単位）以下の微小粒子のことを指します。PMとは「particulate matter」の略であって、「微小粒子状物質」という意味です。

これだけ小さいと、目には見えません。しかし、肺の奥深くまで入り込んでしまうため、健康への悪影響が懸念されています。日本の都市化の影響で増えていることはもちろんですが、近年では、中国の産業の発展にともなう大気汚染で、中国から偏西風に乗って日本にやってくるものも問題になっています。

自然や生態系に影響「酸性雨」

大気汚染の影響は雨そのものにも異常をもたらします。**「酸性雨」**です。工場や車などから排出される二酸化硫黄（SO_2）や窒素酸化物（NOx）などが雨に溶け込み、強い酸性を示す現象のことをいいます。酸性雨は、森や生態系に影響を及ぼしたり、コンクリートや金属を溶かして建造物にも被害を与えたりします。

ただし、雨は人為的な大気汚染物質がなかったとしても、酸性になります。もともと雨として落下する前の水はほぼ中性です。しかし、雨が空から落下するときに、空気中の二酸化炭素を取り込んでいきます。そのため大気汚染物質がなくても、地上に落ちたときは弱い酸性になっています。通常よりも酸性度が高い雨が、酸性雨として認識されます。

5 議論の分かれる地球温暖化

異常気象を考える上では「**地球温暖化**」を語らないわけにはいきません。

「地球温暖化」は本当に起こっているのか？

今ではとても危機感を持って語られている「地球温暖化」問題。

とくに人類の科学技術の発展にともない、大気中の二酸化炭素やメタンなどの温室効果ガスが増えたことが原因だといわれています。第2章105頁で解説した「温室効果」は、我々が住むのに適度な気温をつくる大事な効果で、なくてはなりません。

しかし、その効果が、温室効果ガスが増えたことでこれまで以上に大きくなっているということです。

図29は気象庁の発表している世界の気温です。変化傾向を見ると、年によって変動

図29　世界の年平均気温偏差

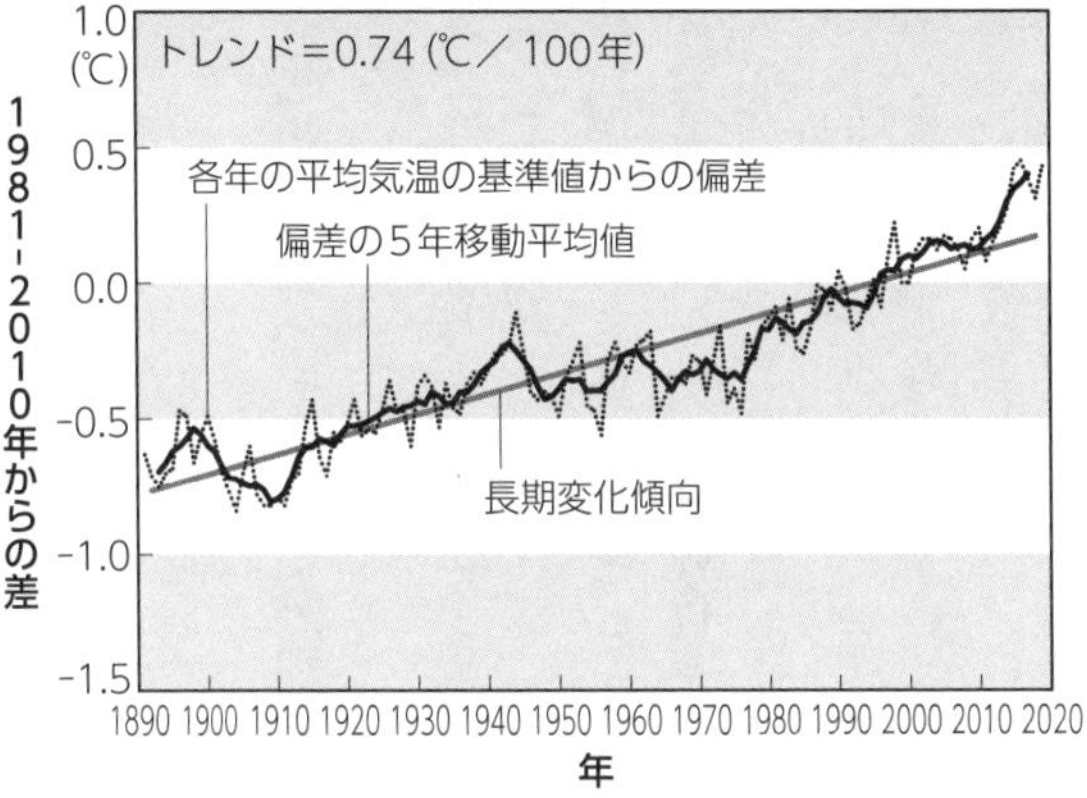

はありますが、**100年間あたり0・74℃の割合で上昇している**という結果が出ています。

　この数値がどこまで正確なのか、そしてそれが**人類の活動による影響なのかは今なお議論の分かれるところ**です。

　人類が誕生する前から、地球は暖かくなったり寒くなったりする気候変動を繰り返しています。今起こっている気温上昇も、そのような大昔から繰り返されてきた気候変動の一環であって、必ずしも人類の活動の影響とは限らないと考える人がいます。

　そして、必ずしも気温は上昇の一途をたどっているわけではないと主張する人もいます。

地球の歴史は人の一生どころか人類の歴史と比べてもずっと長いため、真相はなかなかつかめていません。

温暖化によって起こる異変

さまざまな意見はあるものの、現在が過去に比べて温暖化傾向にあるという前提で話をすることにします。

地球が温暖化すれば、環境はどのように変化するのでしょうか。

まず考えられるのは、**海面水位が上昇するおそれ**です。海面水位の上昇は、地球上にある氷が溶けることや、気温上昇による海水の膨張によるものです。海面水位の上昇は、人間が住む陸地をおびやかします。

気温や水温が上がれば、暖かいところに住んでいた生き物が、それまで住んでいなかった寒い場所に移動します。このように、地球温暖化は**生態系にも影響を及ぼす**のです。

地球温暖化が進むと、日本の天気はどのように変化するのでしょうか。

まずは、**弱い雨が減って、激しい雨の頻度が増えると考えられています。**その原因は、気温が高くなるとそれだけ大気中の水蒸気量が増えるからです。同じ原因で、大雪が増える可能性もあります。さらに、猛暑や暖冬が増えると懸念されています。

「地球温暖化対策」に世界が手を取り合う

地球全体の気温が上昇して、生態系も変化していることから、世界中が地球温暖化を環境問題として認識し、産業活動で二酸化炭素などの温室効果ガスを抑えるなどの対策をとろうとしています。

たとえば、国連組織のひとつである政府間パネル「IPCC（Intergovernmental Panel on Climate Change）」は、各国から専門家を集めて現在の地球温暖化の状況や将来どうなるかを予測しています。温暖化による悪影響を最小限にするために、どのような政策をとればよいのかを話し合い、数年ごとに評価報告書にまとめています。

地球上で温暖化の原因となる温室効果ガスを減らすためには、国際協力が欠かせません。大気や海に国境はないので、どこかの国が頑張って排気ガスを減らしても、他の国で大量の排気ガスを出していたら意味がないからです。

そこで、地球温暖化防止に向けて大気中の温室効果ガスの濃度を安定させることを目的として、1994年に気候変動枠組条約が発効されることになりました。そして、毎年、国連気候変動枠組条約締約国会議（COP）を開いて、世界中の政府代表者が話し合い、地球温暖化問題の解決に向けて各国がどのように協力し合うのかを決めています。

コラム

「そらの研究室」より

◎出会いで変わる！　空の話で盛り上がる教室

私は小学校の教員です。横浜国立大学理数系教員養成プログラム（CST）の研修のひとつである筆保先生の講義の中で、百葉箱制作の話があったのをきっかけに、実際に百葉箱の作製にかかりました。何日もかけて完成した百葉箱。うれしくて、うれしくて、筆保先生にメールを送ると一緒に喜んでくれました。

その後、子どもたちと百葉箱を使った授業を重ね、「もっと気象を子どもに伝えたい」と思った矢先、私は小学１年生の担任になりました。「さすがに１年生には無理だ」とあきらめていましたが、CST の先生仲間から出た「1 年生もすごい力を持っているよ」のひと言が、私の実践の扉を開いてくれました。

確かに、１年生の成長は著しいものでした。雲を毎日眺める子、毎朝池の氷を確認する子……天気って誰にとっても身近で興味深いものなのだと実感しました。ある冬の日、「先生、氷が張っていたよ」と喜び勇んで、クラスの子どもが教室に駆け込んできました。「昨日は、もっと寒かったのに、氷が張ってなかったよ」と話してくれる子どもの目はきらきら輝いていました。

別の学校に赴任しても児童との気象の実践は続きます。猛暑日、真夏日、夏日などの基準を教えると「猛暑日になったかな？　まだ真夏日かな？」と会話をする子どもたち。そして百葉箱のある中庭に飛び出し「わー、35℃超えてる。猛暑日だよ」と盛り上がる教室。天気の知識が共通の土台として定着しているからこそ、クラス中で、関心をもっていけるのだということを感じました。

小学校教諭　津元澄

神奈川理数系教員養成プログラム「コア・サイエンス・ティーチャー」については

度降水ナウキャスト」もチェックします。特に夏場は、積乱雲から急な大雨が降ってくることも多いので、お迎えに行く時間に雨が降りそうかどうか、今降っている雨がすぐにやむのかどうかは重要なファクター。雨がしばらく続きそうなら徒歩で余分に時間がかかる分、早めに出発する、今は降っていないけれどこれから降りそうな場合は降りだす前にお迎えを完了すべく早めに出発するなど、それぞれ戦略を変えなければいけません。

特に、一時期は２人の子どもがそれぞれ別の園に通っており、お迎えだけで１時間かかっていたこともありました。そんなときは、高解像度降水ナウキャストを何度もリロードしながら戦略を練り直したものです。

また、子どもはお迎え後にとにかくダラダラと園内で過ごしがちです。もし、今降っていなくても、そのうち降りそうなときは、高解像度降水ナウキャストを見て、「もう少ししたら雨が降ってくるから帰るよ！」と言って帰宅をうながすこともできます。

子どもの運動会や遠足など、屋外の行事が中止になるかどうかも、なるべく早く知りたいものですよね。園によっては行事が延期になり、その都度お弁当が必要になってくることもあるので、開催されそうかどうかの目星をつけておくことはとても重要です。なので、屋外の行事がある場合は、気象庁の週間天気予報を活用し、天気予報の信頼度を見て、おおよその予想をつけておきます。

このように、天気予報の上手な活用は、分刻みの忙しい生活を賢く乗り切るライフハックなのです。皆さんもぜひ、使いこなしてみてください。

サイエンスライター　今井明子

コラム

「そらの研究室」より

◎ワーキングマザーの天気予報活用術

私はライターでもあり、2児の母でもあるというワーキングマザーです。2020年現在、2人の子どもは保育園に通っていますが、家事・子育て・仕事の3つを分刻みでこなしているため、どれかに時間を取られるとあっという間にバランスを崩してしまう危うさを抱えています。

そのような毎日を支えているのが、天気予報の賢い活用術です。たとえば、子どもの服装をどうするか。「いざ外に出てみると予想以上に寒かった」となると、子どもが風邪を引いてしまい、熱を出されようものなら子どもの看病でしばらく仕事ができなくなってしまいます。しかし、最低気温と最高気温だけを見ていても、いつ気温が最高・最低になるのかはわかりません。そこで、1日の気温の変化がわかる「時系列予報」を見て、保育園の送りと迎えの時間の気温がどうなっているのかを必ずチェックします。

このとき、意外と見落としがちなのが風の強さです。風が強いと体感温度が低くなるので、同じ気温でも風の強さによって羽織物を変えます。特に風が強い日は、ニットやフリースなど風を通しやすい羽織物は避けるようにもしています。

また、子どもの送迎に雨が降るかどうかも重要です。雨具を忘れれば子どもは風邪を引きますし、送迎にどのような手段を使うのかで送迎にかかるトータルの時間も変わってくるからです。私は晴れた日は送迎には自転車を使うのですが、雨の場合は転倒の危険があるのでなるべく徒歩にしています。

送迎時に雨が降りそうかどうかは、まず時系列予報を見ます。そして、いざお迎えに行く際は、気象庁ホームページの「高解像

コラム
「そらの研究室」より

◎ママ、空を見上げて！　サニーエンジェルス参上!!

「サニーエンジェルス」といっても何のチームだかわかりませんね。正式名称は「(一社) 日本気象予報士会サニーエンジェルス」。ママ向けにお天気ワークショップやイベントを全国で行なうために集まったチームで、今年で結成10年を迎えました。

「身近な科学であるお天気のことを、ママであり気象予報士でもある私たちが話したら、ママたちもスッと受け入れてもらえるのでは？」そう思いつき、数人の女性気象予報士仲間と活動を開始。今では全国から190名（女性90名・男性100名。男性会員は企画運営などをアシスト）ほどの気象予報士の皆さんが参加してくれています。合言葉は「空を見上げるお母さんを増やそう！」。時代のニーズに応える形で、ママに特化した活動から、親子向けお天気教室へと重点はシフトしてきました。実験やゲームなどを取り入れた体験型プログラムが好評です。「以前より子どもと空や雲を見るようになりました」などのご感想をいただけると、もううれしくって、「気象予報士になって、この活動を始めてよかったな」と心の中でガッツポーズしてしまいます。

サニーエンジェルスのメンバーからは「気象予報士の資格は取ったものの『気象予報士です！』と名乗れる機会がなかったので、参加してよかったです！」と感謝されることもあります。

お天気のこと、防災のこと、自然の素晴らしさなどの伝え手として、もっと気象予報士の活躍の場が増えてほしいですね。とにもかくにも、サニーエンジェルスは、これからも空を見上げるママやパパ、子どもたちを増やすべく、全国各地を飛び回り続けます！

サニーエンジェルス初代代表　山本由佳

サニーエンジェルス HP

第5章

知っておきたい「気象災害と防災」の話

お天気キャスターから伝えたいこと

1 はじめまして、お天気キャスターの広瀬です。

関西エリア以外の皆さんは、「はじめまして」の方が多いでしょうか。お天気キャスターの広瀬《ひろせ》駿《しゅん》と申します。私は大学院生のときに横浜国立大学の筆保研究室で台風の研究を行なっていました。大学院を修了して2014年春からの2年半は北海道のテレビ局で働き、現在は大阪の毎日放送でお天気キャスターとして働いています。

私の趣味はミュージカルやフィギュアスケート観戦です。天気予報でも、「まるでショーのように」ストーリーを感じてもらえるような、わかりやすさを心がけています。

ときには、歌って踊りながら伝える「ミュージカル天気予報」や、スケートリンクで滑りながら伝える「スケート天気予報」を実際にしたこともありました。テレビの番組のお天気コーナーは、天気予報以外にも「ネタ」を入れ、天気の面白さ、空や四季の美しさを試行錯誤しながら伝えています。

ただし、それは穏やかな天気のときだけ。荒れた天気のときは、視聴者の方が災害から身を守るために役立つ、防災情報を中心に伝えます。

私がこれまでお天気キャスターとして働いてきた数年の間にも、日本列島では数多くの気象災害が発生し、毎年「被災地」と呼ばれる地域が増えてしまっています。読者の皆さんにも、「最近は災害が増えている」「雨が激しくなっている」と感じる方は多いかもしれません。

なぜ災害は発生するのか、災害とどう向き合い私たちは行動すればいいのか、この章では私なりの解説をしていきますが、読者の皆さんも本書を通して一緒に考えていただけましたら嬉しいです。

また、それぞれの気象現象において、お天気キャスターとして「ヤバいな」と思う基準およびポイント【危険ポイント】があります。

もしも読み進めて「解説が難しいな……」と思っても、【危険ポイント】だけでも覚えて、今後の防災行動につなげていただけましたら幸いです。

2 気象災害の種類

そもそも気象災害には、どのようなものがあるでしょうか。主なものをまとめます。

【雨】土砂災害、浸水害、河川の氾濫、たん水害（浸水後、水の引かない状態が幾日も続く災害）、長雨による農作物の湿潤害

【風】強風害、竜巻害、塩風害、乾風害（乾いた風で水分が奪われ農作物が枯れる）

【雪】積雪害、雪圧害、雪崩害、交通障害、視程不良害、着雪害（湿った雪が付着し、送電線や船体などに被害）

【高温】熱中症、酷暑害、鉄道線路異常による交通障害、暖冬害

【低温】冷害、凍結害、凍上害（寒冷地で発生。土壌が凍結することで膨張し、道路や鉄道、地中の水道管などが破壊される）、植物凍結害

【湿度】乾燥害（山火事や大規模な火災）

【雷】落雷害、（雷雲による）ひょう害　【霜】凍霜害
【霧・煙霧】陸上・海上視程不良害、大気汚染害
【高波・高潮】波浪害、浸水害、塩水害

気象災害の一覧を見て、皆さんはどのように感じましたか？　土砂災害や浸水害、河川の氾濫、強風害など、皆さんの身近なところで発生するものもあれば、馴染みのない気象災害も存在するかもしれません。

大雨にならなくても、弱い雨が長く降り続き日照不足になれば、農作物の生育が遅れ病気が蔓延します。霜が降りたり、ひょうが降ったりして、収穫前の農作物が被害を受けることもあります。冷え込んだ朝に見られる霜で災害が発生するなんて、暖かい地域にお住まいの方は想像がつかないかもしれませんが、霜は植物にとっては大変厄介な存在です。目には見えない暑さや寒さも、立派な災害です！　猛暑は多くの人が熱中症になるだけでなく、家畜が暑さで衰弱死するなど畜産業にも打撃を与えます。

文明の発達とともに気象災害の種類は様変わりしており、交通や産業、経済などを含めて私たちの生活と気象災害は切っても切れない関係となっています。

3 なぜ「土砂災害」は発生するのか

ここからは、それぞれの災害を詳しく見ていきます。まずは「土砂災害」について。土砂災害は大雨がきっかけとなって発生します。その他にも、強い地震が発生したり、多雪地帯では大量の雪解け水が地中に染み込んだりすることで、土砂災害が発生することもあります。例外はありますが、ほとんどの場合、弱い雨では土砂災害は発生しません。

では、土砂災害は、どのように発生するのでしょうか?

地表に降った雨は、森や田畑ではまず地面に染み込みます。地面に潤いを与え、植物や農作物を育む恵みとなり、さらに地中へ浸透し、地下水となります。雨が強まり、処理しきれないほどの大量の雨水が地面に染み込むと、地層の間に雨水の膜ができます。雨水の膜ができることで、上の地層が留まろうとする力（抵抗力）が小さくなり、滑ろうとする力が抵抗力を上回ったときに、一気に斜面やがけが崩壊します。これが、土砂災害です。

土砂災害には、主に3つの種類があります。

1つ目は、**「がけ崩れ」**です。がけや急斜面が崩れ落ちる現象です。ときには人の背丈以上の巨大な岩がゴロゴロと斜面を転がり落ち、民家をぺしゃんこにしてしまいます。

2つ目は、**「地すべり」**です。斜面の一部または全体が下方へ移動する現象です。比較的なだらかな斜面で発生、被害が広域に及び民家や田畑に大きな被害が出ます。

3つ目は、**「土石流」**です。山にある岩石や木々が、大雨によって下流へ一気に押し流される現象です。川底や山の斜面を削って巨大な「泥水の塊」となりながら、自動車並みのスピードで民家や田畑をあっという間に襲います。

全国で発生する土砂災害は、平均すると毎年約1000件、平成30年には3459件にのぼりました。そもそも、土砂災害を食い止める砂防施設は全国につくられていますが、完全に土砂災害を防ぐことはできません。なぜなら、土石流を防ぐ砂防ダムを1基つくるには数億円もの費用がかかり、砂防施設をつくった後も点検や維持のために膨大な予算や人員が必要になるからです。

土砂災害から身を守るには？

どうすれば土砂災害から身を守ることができるのでしょうか。

まずは、**自宅の周辺が土砂災害のおそれがある場所か「知ること」**です。全国には土砂災害の危険のある地域が、約67万カ所にのぼると推定されます。

2014年8月に広島で発生した豪雨では、広島市内の住宅街を土石流やがけ崩れが襲い、70人を超える方が犠牲となりました。斜面を切り開いて造成された住宅街も、土砂災害は他人ごとではありません。

土砂災害の危険がある地域は、**「土砂災害警戒区域」「土砂災害危険箇所」**として指定されています。自宅周辺が該当する地域かどうか、自治体が出すハザードマップで確認しましょう。今ではハザードマップはインターネット上で見ることができます。

ちなみに、土砂災害には前触れとされる現象がいくつかあります。

- **斜面から小石が落ちてくる**

図30　3つの土砂災害

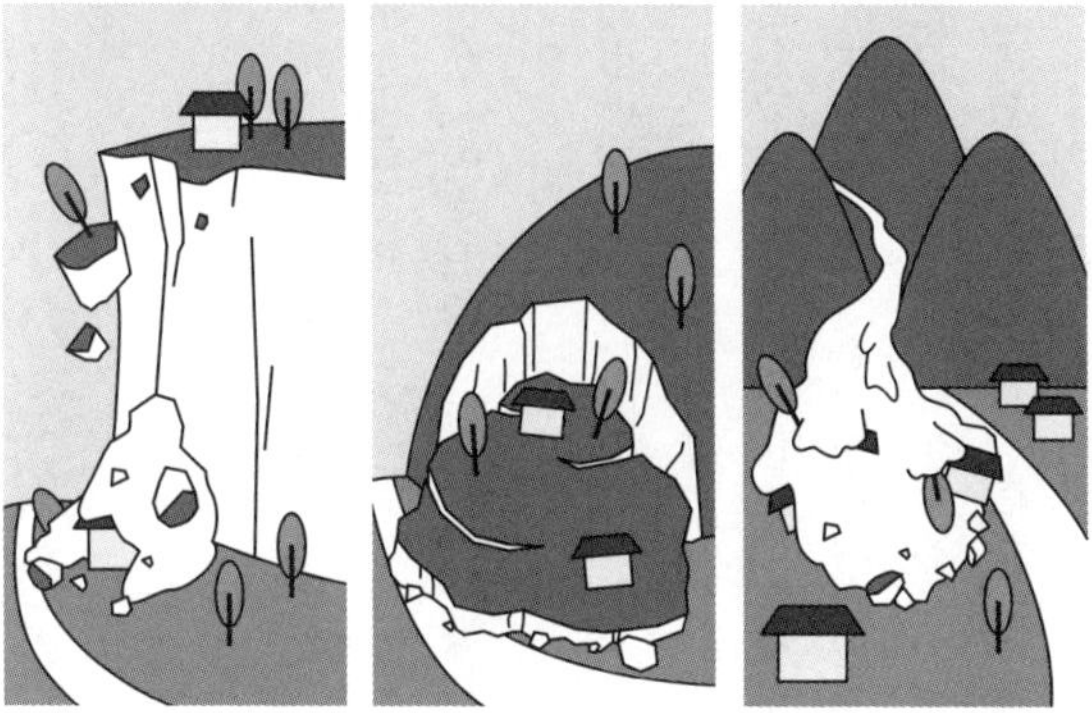

・がけや斜面にひびが入る
・がけや斜面から水が噴き出す
・地鳴りや山鳴りがする
・腐った土の臭いがする
・雨が降り続いているのに川の水位が下がる

土砂災害の【危険ポイント】は**「土砂災害警戒情報」**。大雨で命に危険を及ぼす土砂災害がいつ発生してもおかしくない状況のときに、気象庁と都道府県が共同で発表する情報です。土砂災害の危険がある地域の方は、土砂災害の前兆に気がつくなど少しでも危険を感じたら、すぐに安全な場所に避難することが大切です。

4 川の水が溢れなくても氾濫は発生する

河川の氾濫は、大きく分けて2種類あります。1つ目は**「外水氾濫《がいすいはんらん》」**です。これは河川の水が溢れて発生する氾濫、皆さんが普段イメージしている通りの種類です。

2つ目が**「内水氾濫《ないすいはんらん》」**。川の水が溢れなくても発生することもある氾濫です。皆さんの頭の中に「?」マークが浮かんでいますでしょうか。どういうことか説明します。

大雨で市街地に降った雨水は、下水や排水路に一気に流れ込みますが、それらの処理能力を超えて溢れ出てしまったり、川の水位が上昇することで、**市街地の水を川に流すことができず逆流してしまったりします。**このようにして、川の水は溢れていないのに発生してしまうものを、内水氾濫といいます。

ひとたび河川の氾濫が発生すると、市街地に勢いよく水が流れ込み、建物の浸水や倒壊などの被害を招いたり、橋が流されたり壊れてしまって交通機関が遮断されたりと、その影響は広範囲に、また長期化してしまいます。

川の堤防の強度を増して高さをより高くしたり、下流の増水を抑えるダムをつくるなどの治水事業が行なわれていますが、想定を上回る大雨になれば、氾濫は発生してしまいます。

河川氾濫の【危険ポイント】は**「記録的な大雨」**です。

令和元年東日本台風では、東北・関東甲信地方を中心に12時間降水量は120地点、48時間降水量は72地点で観測史上1位の記録を更新しました。記録的な大雨となった場所では、ほとんどといっていいほどの地点で氾濫（または土砂災害）が発生しました。また、広域で記録的な大雨になったことで、大規模な被害につながりました。天気予報で、**「記録的な大雨のおそれ」**という言葉を聞いたら、川沿いにお住まいの方は、もしものときのことを考え、備えを進めるようにしましょう。

そして、大雨になって氾濫の危険が高まったときには、「早め早め」の行動を心がけること。自宅周辺の浸水がはじまっていると、**たとえ水が足のくるぶしくらいの高さでも流れが強い場合は、大人でも流されて危険な目に遭うことがあります。**

洪水警報などの情報を参考にして、河川氾濫の発生する前に早めに避難することが重要です。

5 高潮――いつもより海が盛り上がって見える!?

突然ですが、皆さんは**「高潮」**を見たことはありますか？　台風が接近したときに、テレビのニュースでは「ザバーン、ザバーン！」と高波が押し寄せる荒れ狂った海の様子が映し出されますが、あのような高い波は**「高波」**であり、高潮は別物です。**台風や発達した低気圧が接近したとき、波が高くなると同時に海面の水位も上昇します。**これが、高潮です。

高潮も波の仲間ではありますが、周期が数時間にも及ぶ現象のため、「波がうねる」様子は目で見てもわかりません。

むしろ、海の水位がゆっくりと上昇するため、「いつもより海が盛り上がっている」ように見えます。

高潮がひとたび発生すると、海水の量がけた違いに多くなるため、堤防が決壊すると沿岸の低地には一気に水が押し寄せ、壊滅的な被害が出てしまいます。

では、なぜ高潮が発生するのか。メカニズムは主に2つあります。

1つ目は、**「吸い上げ効果」**です。

私たちがストローを吸い込んでコップのジュースを飲むように、台風が気圧の低下にともない海面を吸い上げるのです。

2つ目は、**「吹き寄せ効果」**です。

風が沖から海岸へビュービューと吹きつけると、海水は海岸へ吹き寄せられ、海岸付近の海面が上昇します。この吹き寄せによる海面上昇は、風が強いほど、湾の長さが長いほど、湾が遠浅であるほど大きくなります。

かつて台風襲来のたびに深刻な被害をもたらしたものは、「高潮」でした。この章の後半で台風災害の歴史について触れますが、1959年の「伊勢湾台風」では顕著な高潮被害が発生し、死者・行方不明者は5000人を超えました。

伊勢湾台風を契機に、強固な海岸堤防等の施設が全国的に整備されたことで、過去と比べて高潮被害は減少しました。しかし、2018年台風21号では、関西国際空港

図31　高潮の原因

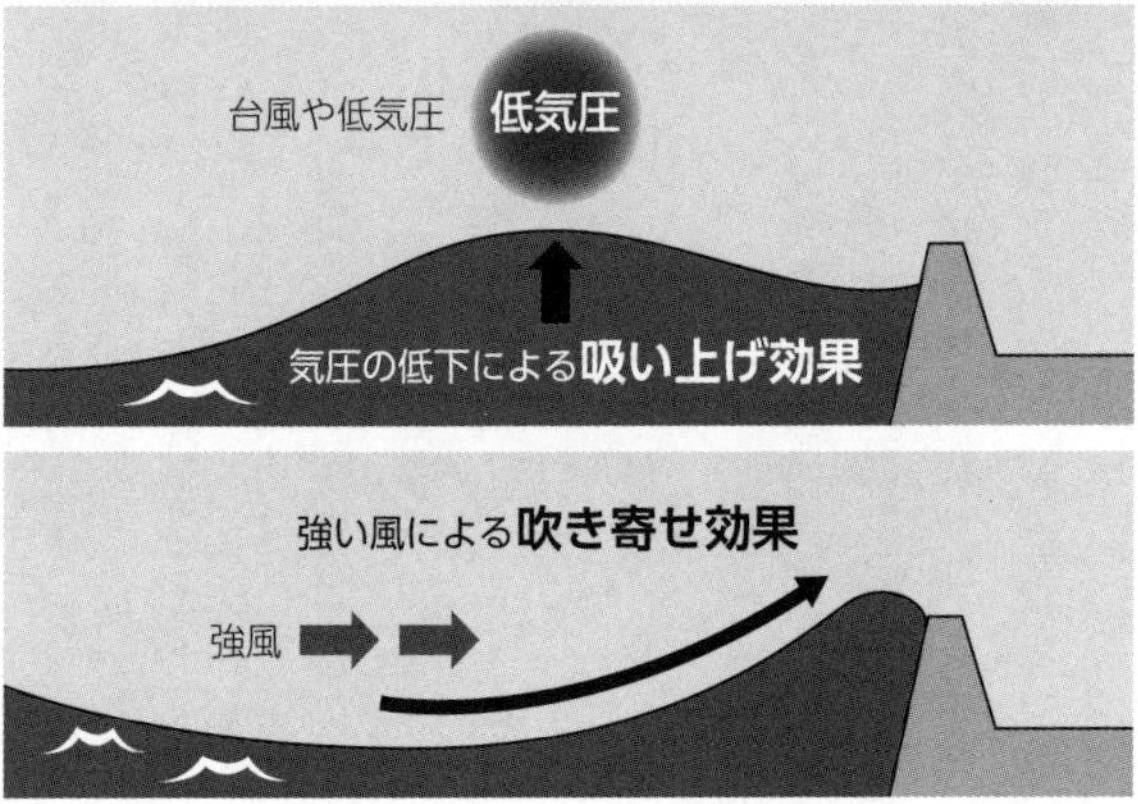

が浸水するなど大阪湾一帯で高潮被害が発生しました。

高潮の**【危険ポイント】**は**「厳重警戒」**です。高潮の予想は「最高潮位○m」と表現されますが、現象の規模がすぐに想像できる表現ではないかもしれません。

「厳重に警戒」は災害発生の危険が極めて高いときに使われるワードです。「警戒」の前に「厳重に」がつくようになったら、とくに危険な高潮のおそれがあると感じ、警戒を強めましょう。

6 時速144㎞も！「暴風」から身を守るために

「暴風」は、ときに民家の屋根を吹き飛ばし、頑丈な鉄塔をなぎ倒すような破壊力を持ちます。台風や発達した温帯低気圧が接近すると、暴風雨で街の木々がしなるように揺れ、人々はまともに歩けず傘は簡単に壊れてしまう様子が、ニュースに映し出されます。

２０１８年は台風21号で近畿地方を中心に、２０１９年の令和元年房総半島台風で千葉県を中心に暴風が吹き荒れたことで広範囲で停電が続き、日常生活や経済に大きな打撃を与えました。

そもそも、**「暴風」**とは何でしょうか。風が強くなった状態は**「強風」**と総称され、とりわけ警戒が必要なほどに強まったとき、風速ではだいたい毎秒20ｍを超えると「暴風」と表現されます。

暴風の**【危険ポイント】**は**「風速毎秒40m」**。**時速に換算すると、なんと144キロ**。プロ野球で活躍するピッチャーの剛速球並みの速さですから、水を吸ったタオルや新聞紙などが窓ガラスを突き破るほどの威力を持ってしまいます。そのような状況で外出するのは、大変危険であることがイメージできますね。「風速毎秒40m」を超えると、トラックでもいとも簡単に横転してしまい、電柱はなぎ倒され停電被害が多く発生、鉄筋構造物も変形してしまいます。

台風では、**進行方向右側がとくに暴風が吹きやすい**という特徴があります。北半球にある低気圧周辺では反時計まわりに風が吹いています。台風の進行方向右側では、その反時計まわりに吹く風に、台風自体が移動する速さが加わり、より風が強化されるためです。

沿岸部は障害物のない海から直接風が吹き込むため、また、山の風下にあたる地域は吹きおろしの風となり谷間は風が集まるため、暴風の危険度が高まります。

暴風から身を守るために大切なのは、**とにかく「外に出ないこと」**。暴風警報が発表されている間は、飛来物で怪我をするおそれがあるため、外出を控えることが重要です。

どうしても外に出なければいけないときも、**「ドアの開け閉め」の瞬間から注意が必要**です。とてつもない風の力を受けて勢いよく閉まるドアに手を挟まれて、指が切断されるなど痛ましい事故も過去には起きています。

人に怪我をさせる加害者にならないために、**ベランダや庭にある飛ばされやすい物を片づけることも大切**です。

部屋の中にいても、飛来物が窓ガラスを突き破るおそれもあることから、窓から離れた場所で過ごすことも対策のひとつです。

停電で家の電話やスマホが使えなくなったときのために、家族の連絡先を紙のメモに残しておくことも重要です。

7 増える「ゲリラ豪雨」

夏真っ盛り。うだるような暑さで心が折れそうになりますが、晴れていると思えば、急に叩きつけるような雨が降ることがあります。いわゆる**「ゲリラ豪雨」**です。ゲリラ豪雨は明確な定義がなく、正式な気象用語ではないため、気象庁は**「局地的な大雨」**と表現します。

夏場、昼間に強い日差しが降り注いで地上付近がどんどん暑くなると、相対的に地上付近の空気が軽くなります。このような状態が、**「大気の状態が不安定」**です。この不安定な状態を解消するために、ゲリラ豪雨をもたらす「積乱雲」が発達します。

積乱雲の中では、地上の暑い（軽い）空気と上空の冷たい（重たい）空気をかき混ぜるような作用が働いています。地表の暑い空気が上昇気流に乗って雲を成長させ、冷たい雨となって地表を冷やすことで不安定な状況を解消するので、大気にとってはストレスがなくなりますが、大雨となれば地上で過ごす人間が被害を受けてしまいます。

都市部でゲリラ豪雨が発生すると、市街地は行き場を失った雨水で瞬く間に浸水。冠水したアンダーパス（地下道）で車が身動きできなくなったり、地下街に大量の水が流れ込んだりすることで、人が命を落とす危険があります。

また、川の上流付近でゲリラ豪雨が発生したため、急に川の水位が上昇し、晴れている下流付近で洪水が発生することがあります。ゲリラ豪雨は「局地的に」発生する点も注意が必要です。

全国で発生する非常に激しい雨（ゲリラ豪雨以外に台風の大雨などを含む）の回数は、昔と比べて増加しており、地球温暖化の影響の可能性が指摘されています。気象衛星や雨雲レーダーなど観測技術が向上していますが、ゲリラ豪雨をもたらす積乱雲の発生を100％予想できるまでに至っていません。

ゲリラ豪雨の【危険ポイント】は「**大気の状態が非常に不安定**」。天気予報でこの言葉を耳にしたら、こまめに空模様や雨雲レーダーのデータを確認するようにしましょう。

8

猛暑と熱中症――暑さは目には見えない

「災害級の暑さ」。この言葉は2018年の流行語大賞にノミネートされました。2018年の夏は、全国各地で40℃を超える暑さとなり、最高気温の記録更新が相次ぎました。2019年には、5月にもかかわらず北海道の佐呂間町で39・5℃を観測、北海道の歴代最高気温の記録を塗り替えました。

最近では夏が来るたびに記録的な暑さに見舞われ、暑さが「災害のように」人々を襲うような危険を帯びてきました。実際に、全国の歴代最高気温トップ10の記録を見ても、そのほとんどが2000年以降のものです（201頁表）。その原因として、都市化によって熱がこもりやすくなる「ヒートアイランド現象」（第4章168頁）や、地球温暖化（第4章172頁）が挙げられます。2018年の猛暑は、「地球温暖化の影響を考慮しなければ、猛暑は起こりえなかった」との研究報告が出されました。地球温暖化の進行により、今後も記録的な猛暑が頻発する可能性があります。

全国の歴代最高気温ランキング

順位	都道府県	地点	観測値	
			℃	起日
1	埼玉県	熊谷	41.1	2018年7月23日
2	岐阜県	美濃	41.0	2018年8月8日
〃	岐阜県	金山	41.0	2018年8月6日
〃	高知県	江川崎	41.0	2013年8月12日
5	岐阜県	多治見	40.9	2007年8月16日
6	新潟県	中条	40.8	2018年8月23日
〃	東京都	青梅	40.8	2018年7月23日
〃	山形県	山形	40.8	1933年7月25日
9	山梨県	甲府	40.7	2013年8月10日
10	新潟県	寺泊	40.6	2019年8月15日
〃	和歌山県	かつらぎ	40.6	1994年8月8日
〃	静岡県	天竜	40.6	1994年8月4日

気象庁ホームページより

猛暑となれば、テレビでは大雨のときのように、熱中症を防ぐために厳重警戒を呼び掛け、ときには運動や外出を控えるよう注意喚起をします。お天気キャスターとしても、近年の猛暑は「大雨」「台風」と同じような災害として扱うようになりました。

実際に、熱中症で救急搬送された人の数は、2018年には約9万5000人に達し、1500人を超える方が亡くなりました。**熱中症は命を脅かす「災害」**であることが、数字を見てもわかります。

ちなみに、日本で暮らす外国出身者の約8割が、「日本の夏は母国よりも過ごしにくい」と感じ、シンガポールやタイ、インドネシアなど熱帯地域出身者でも6割に上るというアンケート報告があり、世界的に見ても日本の猛暑が危険なものであることがうかがえます。

熱中症は、体温が上がって体内の水分や塩分のバランスが崩れたり、体温の調整機能がきかなくなったりして起こる病気です。症状には、めまいや手足のしびれ、頭痛、吐き気などがあり、重症になると意識障害や内臓機能障害を起こして死に至ります。発汗機能が未発達な子供や、汗をかきづらい高齢者、熱放散の効率の悪い肥満体質の人などは、より熱中症に注意が必要です。

意外な落とし穴！　熱中症になりやすい場所は？

炎天下の屋外で長時間激しい運動をすると熱中症の危険があるのはもちろんですが、農作業やガーデニング作業中に熱中症で倒れる方も多いです。**植物や農作物が水分を持って蒸散もしていることから、周辺よりも湿度が高くなっています。**

熱中症は気温が高いだけでなく、「湿度が高く」ても、そのリスクは高まります。同じ気温30℃でも、湿度が低くカラッとした暑さより、湿度が高くジメッとした暑さの方が不快に感じ、汗も乾きづらいことから、体に熱がこもりやすくなります。

また、暑い日に海へ出かけて海水浴を楽しむ方も多いですが、海水浴中も熱中症に十分注意をしないといけません。**海は直射日光から逃れる場所が少なく、海水に入っていることで水分補給を怠り、楽しむうちに熱中症になってしまう危険があります。**

さらに、屋外ではなく「室内」にいても、熱中症になる危険があります。実は、屋外よりも室内で熱中症となり搬送される人の方が多い！　室内でエアコンをつけずに過ごしていると室温が上昇しますが、

・「ジワジワ」とゆっくりとした室温の変化に気が付きにくい
・ときに時間差で熱中症の症状が表われる
・就寝中も汗をかいている

などといった理由から、室内でも時間帯を問わず熱中症になる危険があります。

熱中症の**【危険ポイント】**は**「最高気温35℃」**。35℃を超える日は**「猛暑日」**と表現されますが、猛暑日になると熱中症の危険度がグッと増します。熱中症は、「暑さは目に見えない」ため、無意識のうちに症状が進行しているケースが多いです。暑さが予想されるときは、意識的に対策を心がけることが大切です。

水分補給は、屋外で作業・運動をするときには20〜30分に1回、室内でも1時間に1回を目安に。寝る前にもコップ1杯の水を。

新型コロナウイルス感染拡大防止のための「新しい生活様式」で、マスクの着用が求められていますが、高温多湿の環境下でのマスク着用は、熱中症リスクが高くなるおそれがあります。屋外で人と十分な距離が確保できる場合は、適宜マスクを外すようにしましょう。

9 降り過ぎは困る！「大雪災害」について

私は温暖で雪の少ない愛媛出身で、子供の頃は冬に空から舞い落ちる雪を見ては喜び舞っていました。しかし、雪が降り過ぎて大雪になると、さまざまな災害が発生します。

大雪になると、電車やバス、飛行機など交通機関に影響が及びます。積雪にタイヤがはまり自動車が身動きできず立ち往生が発生。雪に慣れていない地域では数センチの雪でも路面凍結でスリップ事故が相次ぎ、交通がマヒしてしまいます。

ずっしり降り積もった雪の重みで、カーポートや農業用ハウス、老朽化した建物が倒壊したり、積雪による重みで船が沈んだりする被害が出ることもあります。

どれくらい雪は重いか、1㎡の広さに1m雪が積もったとして考えます。**降ったばかりでフワフワの新雪でも約50kg、大人ひとり分の重さです。何度も溶けたり凍った**

りした「ざらめ雪」は約300kg、お相撲さん二人分くらい。

雪の重みで災害が発生するのも、納得ですね。

大雪となれば、建物が潰れないよう屋根に上って雪かきをしなくてはいけません。しかし、**雪かき作業中の事故で雪の多い年には100人以上の方が犠牲になります。**

また、屋根からの落雪により、怪我をしたり亡くなったりする方もいます。屋根の積雪は雪自体の重みで氷の塊のように固くなるため、人に直撃すればひとたまりもありません。とくに晴れの日は、落雪のリスクも高まり、雪かき中の事故は危険をともないます。軒下を歩かないよう注意も呼びかけられます。

斜面の雪が高速で崩れ落ちる「雪崩」でも、スキーを楽しむ人が巻き込まれ、建物が跡形もなく壊れる被害が出ています。

ちなみに、私が北海道で生活していたとき、一番恐怖を感じたものは**「ホワイトアウト」**でした。ホワイトアウトは、吹雪によって目の前が真っ白になって見通しが悪くなる現象です。北海道の雪は、粉砂糖のようにサラサラのパウダースノーです。風が吹けば、雪はすぐに飛ばされて吹雪になってしまいます。ひどいときには1m先も見えず、方向感覚を失うことすらあります。雪の少ない地域の皆さんはイメージができないかもしれませんが、ホワイトアウトは人の命を奪う怖い存在です。

日本海は〝露天風呂〟——大雪のメカニズムとは

日本の豪雪地帯は、日本海側に集中します。**日本海には暖かな対馬海流が存在するため**です。中国大陸から強い寒気が南下し「西高東低の冬型の気圧配置」となり、第3章でも説明がありましたが、日本海を冷たい風が吹けば吹くほど、日本海は「ポカポカな露天風呂」状態に。雪雲が湧き立つように発生します。

また、大陸側の高い山脈を東西に迂回した風が、日本海上で合流することで**「日本海寒帯気団収束帯」**と呼ばれる発達した雪雲が形成され、日本海側の地域で災害級の大雪に見舞われることがあります。

一方で、太平洋側も大雪と無縁ではありません。本州の南海上を低気圧が進むとき、太平洋側の地域で大雪になるケースがあります。

ここで、大雪の【危険ポイント】は「**南岸低気圧**」。南岸低気圧の仕業で、太平洋側で大雪になることがあります。関東の方には「雪の予報だったのにハズレた」「予報になかった雪が降って積もった」という経験をした方も多いかもしれません。

実は、南岸低気圧による関東の雪は、「お天気キャスター泣かせ」と呼ばれるほど予想が難しい現象です。

なぜなら、南の海上を進む低気圧が北から寒気を引き込みつつ、南から暖かな空気も運んでくるため、少しでも低気圧の位置や発達状況が変わると、気温の状況が大きく変わってしまい、雪になるのか雨になるのか予想が難しくなるからです。

研究者やお天気キャスターは正確に雪の予想を伝えられるよう努めていますが、太平洋側で大雪の可能性があるときは、予想がガラリと変わる可能性があります。こまめに気象情報を確認することが大切です。

10 今も脅威の「台風」

ここまでは、代表的な気象災害をいくつか紹介しましたが、一度に複数の気象災害をもたらしてしまうものが、**「台風」**です。日本では大昔から、強力な台風の襲来、大雨や暴風、高潮などにより甚大な気象災害が繰り返し発生しています。

主に昭和以降の台風による人的被害をまとめた表（211頁）を見ると、昭和に襲来した台風で発生した死者・行方不明者の数が、近年と比べて「桁違い」であることが一目瞭然です。なお、死者・行方不明者の数が3000人以上になり、とくに大きな被害が出た室戸台風、枕崎台風、伊勢湾台風は**「昭和三大台風」**と呼ばれます。

枕崎台風は広島に大雨をもたらし終戦直後であったために被害が拡大、カスリーン台風は関東の河川で氾濫が相次ぎ発生、狩野川台風は伊豆半島の狩野川流域で浸水被害が出ました。大雨で多くの犠牲を出した台風がある一方で、高潮により甚大な被害が出た台風も数多く存在します。

大正時代に遡《さかのぼ》りますが、東京湾でも「大正6年の大津波」と呼ばれる台風の高潮被害で、1300人以上が犠牲となり、塩田が壊滅的な被害を受け、それまで盛んだった塩業という地域の産業を消滅させるダメージを与えるほどでした。

未曽有の高潮被害「伊勢湾台風」

なかでも、大きな「高潮災害」をもたらしたのは、「伊勢湾台風」です。1959年9月26日、和歌山県潮岬付近に上陸。猛烈な風が湾の奥へと吹き込み、伊勢湾全体の海面が1時間近くにわたり2m程度上昇、海岸や河口付近の堤防の破堤総延長は、220カ所33㎞に及びました。大量の海水が〝ゼロメートル地帯〟に流れ込み、住宅が流され溺死者が出るなど、愛知県と三重県内で高潮が原因で犠牲になった方は、被害に遭われた方の全体の約8割にも及びました。

台風の襲来が深夜だったこと、貯木場に集積された大量の木材が住宅被害を拡大させたこと、さらに、ゼロメートル地帯が日本一広がり高潮のリスクがあるにもかかわらず、戦後から東海地方の台風被害は比較的少なく、大きな高潮が発生していなかっ

昭和以降の台風による人的被害比較

台風名	死者・行方不明者数(人)	被害
伊勢湾台風（1959年9月）	5,098	高潮（伊勢湾）
枕崎台風（1945年9月）	4,229	大雨（広島）・高潮（九州南部）
室戸台風（1934年9月）	3,036	高潮（大阪湾）・暴風（京阪神）
カスリーン台風（1947年9月）	1,960	大雨（関東・東北）
アイオン台風（1948年9月）	1,910	大雨（岩手）
洞爺丸台風（1954年9月）	1,761	暴風（全国）・高波で洞爺丸沈没
狩野川台風（1958年9月）	1,269	大雨（伊豆半島）
周防灘台風（1942年8月）	1,158	高潮（周防灘）
ルース台風（1951年10月）	1,045	暴風・高潮（鹿児島）・大雨（山口）

平成以降の主な台風

平成16年台風23号（2004年10月）	98	大雨（近畿・中国・四国）
平成23年台風12号（2011年9月）	98	大雨（紀伊半島）
令和元年東日本台風（2019年10月）	107	大雨（東日本・東北）

「気象庁・国土交通省・内閣府資料」より作成

たことから、「安全な湾」と誤解され災害対策が不十分なまま市街地、農地開発がされたことが、被害の拡大につながったと考えられます。

台風被害は小さくなっているのか

伊勢湾台風を契機に災害対策基本法が制定され、台風災害から住民を守るために海岸や河川の堤防を増強するなどの工事が進められました。昭和後期から、台風で1000人を超える犠牲者が出るようなことはなくなりましたが、はたして台風による被害は小さくなっていると言えるのでしょうか。

新たな指標で、台風被害を考えてみます。

次頁の表は、災害によって支払われた保険金額のランキングです。

1位は「東日本大震災」ですが、2位の平成30年台風21号は、東日本大震災に匹敵する支払額であることがわかります。そして、台風による被害はトップ10のうち7つも占めています。

気象災害（風水害）は火災・車両・新種保険、地震は地震保険で保険の種類が違う

自然災害による保険金支払額のランキング

順位	自然災害による保険金支払額	発生年月日	（億円）
1	東日本大震災	2011年3月11日	12,833
2	平成30年台風21号	2018年9月	10,678
3	令和元年東日本台風	2019年10月	5,826
4	平成3年台風19号	1991年9月	5,680
5	令和元年房総半島台風	2019年9月	4,656
6	平成16年台風18号	2004年9月	3,874
7	熊本地震	2016年4月14日	3,859
8	平成26年2月雪害	2014年2月	3,224
9	平成11年台風18号	1999年9月	3,147
10	平成30年台風24号	2018年9月〜10月	3,061
11	平成30年7月豪雨	2018年6月〜7月	1,956
12	平成27年台風15号	2015年8月	1,642
13	大阪北部地震	2018年6月18日	1,072
14	阪神淡路大震災	1995年1月17日	783

「一般社団法人日本損害保険協会」HPより
2020年3月末現在
見込み額のため、今後修正される可能性がありますこと、過去と今では保険のあり方が違うことも考えられます。単純比較はできないという点はありますが、近年は台風によって大規模な被害が相次いで発生していると言えるでしょう。

私たちは終戦直後と比べ豊かで便利な生活を送っていますが、台風被害でライフラインが遮断されてしまえば、社会に大きな混乱が生じてしまいます。台風災害は現代の私たちにとっても、生活や経済へ深刻な被害をもたらす脅威であることには変わりありませんし、電気や通信に依存した生活は、気象災害に対して脆弱な面を持つことも考えられます。

大雨による被害が多発した「令和元年東日本台風」の事例

２０１８年は台風21号で、２０１９年には台風15号（令和元年房総半島台風）と台風19号（令和元年東日本台風）によって甚大な被害が発生しました。

私はお天気キャスターとしてどのような情報を伝えたのか、そして台風についてどのように感じたのか、２０１８年台風21号と令和元年東日本台風の事例で紹介します。

まずは、令和元年東日本台風の特徴をまとめます。

・大型で強い勢力で伊豆半島に上陸（2019年10月12日午後7時前）
・神奈川県箱根で日降水量922・5ミリメートルは日本の記録を更新
・関東、東北地方を中心に142カ所で堤防決壊するなど河川氾濫が相次ぎ発生
・東日本を中心に952件の土砂災害発生、昭和57年以降記録の残る台風では最多
・被害の大きさから42年ぶりに台風名がつけられる

なぜ、令和元年東日本台風は、これほどの大雨になったのでしょうか。それは、

①台風が南の海上で急速に発達し、勢力を落とさずに接近したこと
②南の海から大雨の材料となる大量の湿った空気を連れてきたこと
③北からは寒気が流れ込み、台風が運ぶ暖かい空気とお互いに喧嘩をして、台風の北にある前線の活動が活発になったこと

④関東山地や奥羽山脈などの東斜面に風が吹き込み続け、雲がより発達したこと（地形性降雨）

など、さまざまな要因が重なって記録的な大雨になったと考えられます。

「狩野川台風」並みの大雨とは

まず、接近前の状況について。気象庁が出す進路予想の精度向上のおかげで、東日本へ接近上陸する可能性があること、勢力が非常に強いまま接近するおそれがあることは、5日前の段階で予想ができていました。気象庁は、上陸の3日前と過去に例のないほど早い段階で緊急会見を行い、警戒が呼び掛けられました。

上陸前日の気象庁会見では、「2018年台風21号や2019年台風15号並みの暴風」や「狩野川台風に匹敵する大雨」と具体的な事例を挙げ、荒天の見通しが伝えられました。

報道機関や住民は、歴史的な台風の名前が出ることで、より警戒感を持てたと思います。しかし、「狩野川台風」は半世紀前の出来事で体験した人はほとんどおらず、「狩野川台風」と聞いて現象をイメージできた一般市民の方は、どれくらいいたのか。また、狩野川台風は静岡県中心に被害が出たため、「今回も静岡県中心に被害が発生？」とミスリードにならなかったか。結果的に長野や東北地方でも甚大な災害が発生しており、それらの地域の方々は危機感を強められたのか。わかりやすく、より直感的に危機感を持ってもらう難しさを、ひしひしと感じました。

「避難して」or「外出控えて」どちらを呼び掛ける？

上陸当日です。私は毎日放送『サタデープラス（2018年11月から2020年3月まで出演）』という全国放送の番組で、台風情報をお伝えしました。朝の段階で、すでに紀伊半島から関東南部で大雨になり、河川は危険な水位に達していました。上陸は夕方以降で、午後はみるみるうちに風や雨が強まり、夜は外出が危険なほどの天気となるおそれがありました。

最接近のタイミングでさらに雨が強まり危険な状況となれば、はたして、該当地域の皆さんは避難できるのか。静岡や関東地方は、最大瞬間風速が毎秒60ｍの予想です。避難を呼び掛けたことで、屋外で被害に遭う人がいたら……。外出を控えるように呼び掛けて、家に居たことで土砂災害の被害に遭う人がいたら……。どう呼び掛けるか、放送前に葛藤があり非常に悩みましたが、それぞれの状況を見て「少しでも危険を感じたら、夜を迎える前に早く避難行動をとる」よう警戒を呼び掛けました。

首都・東京でも、雨や風はシビアな予想が出ていたため、「東京都内でも大規模な河川の氾濫や、トラックが横転するような暴風のおそれ」など、普段災害の少ない地域の方にも危機感を持ってもらうよう、一歩踏み込んだ表現を用いて伝えました。ただし、その表現も関東中心であり、普段雨の少ない長野や東北の方に危機感を伝えられたか、のちの大きな反省点にもなりました。

また、今回あらためて思い知らされたのは、大きな河川であればあるほど「河川氾濫のピークは、大雨の後にやってくる」ことです。

利根川では大雨が収まって1日遅れで河川の水位がピークとなりました。雨が弱まって晴れ間が戻ってからやってくる災害があるのだと、油断をせずに警戒してもらう注意喚起の大切さも感じました。

暴風・高潮被害をもたらした「2018年台風21号」の事例

続いて2018年台風21号の事例について。台風上陸のそのとき、私は台風解説をしていました。そのときの体験談を中心にお話しします。まずは、被害の特徴です。

・25年ぶりに「非常に強い」勢力で徳島県南部に上陸（9月4日12時頃）
・勢力を落とさず神戸市付近に再上陸、速度を上げながら近畿地方を縦断
・関西国際空港で最大瞬間風速毎秒58・1m、近畿中心に記録的な暴風
・電柱倒壊が相次ぎ、関西エリア内で延べ220万軒の停電発生
・大阪や神戸など近畿・四国の沿岸で記録的な高潮、沿岸部で浸水被害
・関西国際空港は高潮で浸水被害、タンカー衝突で連絡橋が破損し、約8000人が一時孤立

それまで台風が接近しても大阪で大きな被害が出ないことが多く、正直なところ、

「大阪は台風が来ても荒れない」という誤解が住民の皆さんにはあったかもしれません。しかし、2018年台風21号では暴風や高潮が京阪神の都市部を破壊していき、台風の怖さをまざまざと見せつけられました。

台風21号は、かつて京阪神に甚大な暴風・高潮被害をもたらした、室戸台風や第2室戸台風、ジェーン台風と同規模の勢力で、ほぼ同じ進路でした。上陸の2、3日前の予想から、「歴史的な台風並みの台風が来るかもしれない」とお天気キャスターとしてとてつもない緊張が走りました。

ビルが地震のように揺れる！　暴風の恐怖

上陸当日の朝の大阪は晴れていました。台風の移動スピードが次第に速くなることから、大荒れの天気が「急にやって来る」ことも特徴でした。晴れ間を見ると、本当に台風はやって来るのか疑いたくなるような気持ちになりました。

しかし、正午を過ぎると、窓の外を見るたびに荒れた状況がどんどん酷くなります。午後2時頃。大阪に台風が最接近。直前に情報番組がはじまり、全編台風情報に差し替えられ、私はお天気キャスターとして解説を担当。「命の危険にかかわる暴風」と最大限の表現を使い、外出をしないよう警戒を呼び掛けていたそのときです。

テレビ局では、ゆっくりとした震度4くらいの揺れが10分ほど続きました。暴風が10階以上あるテレビ局のビルをいとも簡単に揺らせるのです。警戒を呼び掛けることに集中しながらも、「ビルが崩れ落ちるのでは？」という恐怖すら感じました。

午後3時頃。大阪の暴風はだんだんと弱まりはじめたのですが、続々とこれまでの暴風や高潮被害の映像が入ってきます。大阪の市街地で倉庫や民家の屋根が舞い、車やトラックがまるでおもちゃのようにコロコロと転がり、電柱や信号機、大きな樹木がなぎ倒される様子。大阪湾の沿岸部では高潮で浸水し、コンテナがぷかぷかと海に浮かんでいます。現実で起こっていることだとは信じられませんでした。

森が回復するのは100年先「深刻な台風の爪痕」

暴風・高潮の被害のポイントは、「影響が長期化」することです。

暴風によって、関西地区では延べ1300本以上の電柱が倒壊。一度折れた電柱を直すのには時間がかかり、復旧まで2週間ほど停電の続いた地域もありました。また、関空連絡橋の完全復旧には7カ月かかり、交通や物流への影響も長期化しました。

暴風の爪痕は、山々にも深く刻まれました。大阪や京都の山々は倒木被害が相次ぎ、義経ゆかりの鞍馬寺周辺は、樹齢数百年の杉の木が数えきれないほど倒木被害に遭い、まるで「森全体がなくなった」かの悲惨な光景に。地元の方の努力で復旧作業がされましたが、鬱蒼とした森が元の姿に戻るには、100年以上先になるとのことです。

そもそも2018年は、関西では災害の相次いだ年でした。6月には大阪北部地震が発生、7月豪雨や台風20号でも被害が発生。「災害疲れ」のさなか、とどめでやってきた台風21号が、京阪神中心に甚大な被害をもたらしました。

その後も台風24号が和歌山県に上陸、和歌山県南部中心に甚大な高潮および波浪被害が発生しました。大阪は大きな被害がなかったものの、防災意識の高まりで24号の接近前は、早くから対策がされ避難行動をとる方は非常に多かったように思います。

台風が接近する前にしっかりと備えて、身を守るための行動をする。過去に起きた災害の教訓を忘れないと、いまも倒木が残る関西の山々を見て強く思うことです。

11 いざというときに！　さまざまな気象・防災情報

災害から身を守るために、今では気象や防災に関する情報を参考にすることができます。ただし、大雨が発生すると、注意報や警報に加え、「特別警報」や「土砂災害警戒情報」、「記録的短時間大雨情報」、「氾濫危険情報」、自治体からは「避難勧告」、「避難指示」など、さまざまな情報が五月雨式に出されます。多くの情報が出されるがゆえ、どのような情報が出されたときにどんな行動をとればいいのかわかりづらい、という方も少なくありません。

平成30年7月豪雨では245名の方が犠牲になりました。大雨の深刻度が増す中で数多くの情報が出されましたが、住民の避難行動に結びつかなかった反省から、危険度を1から5までの数字でわかりやすく表現する**「警戒レベル」**が導入されました。

レベル5で避難行動は手遅れ……「レベル4」で避難を！

225頁の表には、警戒レベルごとに対応する気象・防災情報と、とるべき行動をまとめています。一番のポイントは、**「警戒レベル4で避難」**をすることです。

一番危険である警戒レベル5は、「特別警報」が発表されているようなとき。「特別警報で避難行動をすればいいのでは？」と思う方もいらっしゃるでしょう。けれど、特別警報は、数十年に一度となるような災害が発生しているとき。つまり、**「めちゃくちゃヤバい」ことが「すでに発生しているとき」に発表される警報**です。家の周辺は土砂災害が発生していたり、川は濁流となって氾濫していたりするかもしれません。無理に避難をしようとすると、かえって危険な目に遭う可能性があります。

「警戒レベル5」を待たずに、その一歩手前の「警戒レベル4」で避難を済ませ、身を守ることがとても大事です。

警戒レベル

危険度 ↑

レベル	住民が取るべき行動	自治体発令	気象庁発表
5	**命を守る最善の行動を！**	災害発生情報	大雨特別警報 氾濫発生情報
4	**避難**	避難指示（緊急） 避難勧告	土砂災害警戒情報 氾濫危険情報
3	**避難の準備** **（高齢者等は避難）**	避難準備・ 高齢者等避難開始	大雨警報 洪水警報
2	**避難場所などを再確認**		大雨注意報 洪水注意報
1	**防災情報に注意を払う**		早期注意情報 （警報級の可能性）

雨が非常に激しく降り、土砂災害の危険度が非常に高まったときには「**土砂災害警戒情報**」が、指定河川で氾濫の危険度が高まったときには「**氾濫危険情報**」が発表されます。土砂災害や氾濫の危険のある地域で雨が激しくなり、そのような情報が発表されたら、自治体の避難情報を待たずに、避難をはじめる目安にすることも大切です。

避難勧告と避難指示、どちらで避難をはじめる？

突然ですが、皆さんは避難勧告や避難指示が発令されたとき、どちらの情報をきっかけに避難を始めますか？

「避難指示」で、という方が多いかもしれませんが、実は**「避難勧告」で避難をはじめるのが正解**です。

そもそも避難指示が発令されるときは、災害の危険が切迫して一分、一秒を争うような状況なので、その時点で避難を「終えていること」が望まれています。

また、自治体は避難所開設などの作業に追われるなどして、必ずしも避難指示が発令されるとも限らないからです。

避難勧告が発令された段階で「警戒レベルは４」。近年の災害は激甚化しており、短時間で危険な状況に急変することも考えられます。避難指示を待たず、避難行動をはじめることが大切です。

さらに、**避難に時間がかかる人は、警戒レベル３の「避難準備・高齢者等避難開始」が発令されてから避難行動をはじめることが望まれます。**

「高齢者等」とありますが、小さな子供を持ったご家庭や身体に障害を持った方も、早めの行動を心がけるようにしましょう。

12 役立つ防災情報サイト

災害の危険があるとき、テレビの天気予報を見ることが避難行動の参考情報になりますが、現在はインターネットでさまざまな防災に関する情報をリアルタイムで入手することができます。

この章の最後は、いざというときに役立つ便利なサイトを5つご紹介します。

1つ目は、備えに役立つ、国土交通省が公開する**「ハザードマップポータルサイト」**です。

◎国土交通省「ハザードマップポータルサイト」：https://disaportal.gsi.go.jp/

このサイトの凄いところは、一枚の日本地図上で土砂災害や河川の氾濫、また津波の浸水想定エリアを重ねて見られることです。自宅周辺や、離れて暮らす家族の住まい、また旅行先の情報も気軽に調べることができます。

２つ目は、**気象庁ＨＰ「防災情報」にある「大雨・洪水警報の危険度分布」**です。

◎気象庁ＨＰ：http://www.jma.go.jp/jma/index.html

雨が強まったとき、地図上で自宅周辺の土砂災害や浸水、河川氾濫の危険度の高まりを色の違いで見ることができます。また、２０１９年からは、自宅のある地域が「レベル４」相当の危険度になった場合、即座にスマホに通知されるプッシュ通知サービスが「Yahoo!」などでされています。

３つ目は、**国土交通省の「川の防災情報（〝気象〟×〝水害・土砂災害〟情報マルチモニタ）」**です。

◎国土交通省「川の防災情報」：https://www.river.go.jp/portal/#80

このサイトは、雨雲レーダーや注意報・警報、危険度分布、河川カメラ、水位情報など、さまざまな情報を同じ画面上にまとめた便利なサイトです。

そして４つ目は、筆保先生が、あいおいニッセイ同和損害保険株式会社および、エーオンベンフィールドジャパン株式会社（当時）とともに開発した**「シーマップ（cmap.dev）」**です。

◎シーマップ：https://cmap.dev

台風や地震などが発生した場合、どのくらいの建物が被害にあうのか、その棟数を市区町村別で予測してリアルタイムに公開しているホームページサイトです。現在まさに起きている情報として、災害規模の把握ができ、復旧作業や避難支援に結びつけられます。

また、過去の台風シミュレーションを用いて、たとえば「もしも伊勢湾台風が今の日本の首都圏にやってきたら、どれほど建物被害が想定されるか」なども確認ができます。自治体による避難所の設置など、防災計画の参考資料になっています。

最後は、横浜国立大学研究室時代の後輩である山崎聖太さんと筆保先生が研究開発した**「台風ソラグラム」**です。

◎台風ソラグラム：コラム57頁に見方があります

台風が接近してくると各地で暴風が吹き荒れますが、その風は周囲の山岳地形の影響を強く受けるため、危険な台風のコースが地域によって違ってきます。危険な台風のコースはどんなときか、約１０００通りの台風シミュレーションにより地域ごとに割り出しました。台風ソラグラムは、株式会社エムティーアイの協力の下、天気総合サービス「ライフレンジャー」のなかで無料配信をしています。スマートフォンをお持ちの方は、「ライフレンジャー天気」と検索すればどなたでも確認できます。平常時にでも、自分が住んでいる町はどんなコースでくる台風が危険なのか、一度確認しておくとよいでしょう。

これらのサイトの情報から、いざというときに身を守るための避難行動ができるよう、災害への備えをすること。そして災害の【危険ポイント】は「警戒レベル４」で、避難行動することをぜひ覚えてください。

ただし、情報はあくまでも「参考」です。自宅周辺が本当に危険かどうかの判断は、最終的には本人の防災力が頼りになります。

コラム
「そらの研究室」より

◎歌って踊れるお天気お兄さんが気象学研究室で学んだこと

これは筆保研究室で毎年度末に行なわれる送別会、通称「追いコン」のお話です。飲み会には関心のない筆保先生が、追いコンには全力を注ぎます。毎年さまざまなドッキリ企画が組み込まれ、送り出される卒業生は何が行なわれるかわかりません。思い出話に浸っている時間はなく、騒ぎます。そんな追いコンで、先輩を送りだす私は、卒業式のパロディーの中の校歌斉唱のコーナーで、みんなの前で歌って踊ることになりました。私は幼い時から「歌って踊れるお天気お兄さん」が夢で、その実現のためにミュージカルの専門学校に通っていました。まさかこんな時に……。筆保先生の「将来、役に立つから」に説得されたわけではないですが、ここは卒業生のために一肌脱ごうではありませんか。居酒屋の個室で追いコンが始まり、ついに私の出番。私は全身で喜びの舞いと歌を捧げました。前もって知らされていない参加者は、最初は呆気に取られていましたが、そのうち大爆笑。そろそろクライマックス、会場も興奮が頂点に達したときに思わぬ掛け声が。「ドリンクでーす！」なんと店員が部屋に入ってきたではありませんか。これは恥ずかしい。今すぐに真面目モードに戻りたい。しかし、ここで踊りを止めて笑いを終わらせるわけにはいかない。氷のように冷たい視線を送る店員を横目に、舞台笑顔を絶やさず腰をくねらせ腹式呼吸で歌い踊り続けました。この時、何があっても続けることを体得しました。大阪でお天気キャスターになった今、何度も台本にはない無茶な要求を生放送で受けますが、いつも笑顔のままのりきっています。気象学研究室で学んだ気象学以外の奥義は、確かに今とても役立っています。

歌って踊れるお天気キャスター　広瀬駿

コラム

「そらの研究室」より

◎学級担任

中学校の教師になった今、当時の筆保研究室を思い返すと、素晴らしい「教室」であったと思うのです。筆保先生は自分も学生と一緒に考える姿勢を大切にしつつも、ダメなことには毅然と対応する。飾らないありのままの自分で学生に関わり、研究室全体の安心感や居心地の良さをつくり出す、まさに“学級担任”でした。

ロシアの心理学者ヴィゴツキーは教育者を園芸家にたとえ、「園芸家は間接的に環境を適切に変化させることによって、花の発芽に影響を及ぼすように、教育者も環境を変えることで子どもを教育するのです」と述べています。私は筆保研究室で気象を学ぶとともに、教育者としての基礎を教わったと思っています。

中学校教諭　松下嗣利（第２期生）

◎つれづれなるままに「そら日記」

「そら日記」――それは筆保研究室のブログです。「空当番」と呼ばれる担当者がその日の空の観測の様子や気象のこと、それぞれの近況や出来事を届けています。私はこのブログを高校１年生の時から見ているため、すでに読者歴は10年です。ついにあこがれの研究室に入り、初めて日記を自分が投稿した日はとても緊張しました。一度読み始めるとやめられなくなる、研究室の毎日が分かる日記。どんな日記なのか気になりますよね。皆様も、「そら日記」、さらには卒業生も投稿できる「かぜ便り」というブログをぜひご覧ください。

中学校教諭　中村望（第７期生）

第6章 天気予報の舞台裏

お天気キャスターの仕事

1 天気予報が届けられるまで

ここからは、お天気キャスターがどのような仕事をしているか、天気予報がどのようにつくられているのか、料理をするコックさんにたとえてご紹介していきます。読者の皆さんは、ぜひ、肩の力を抜いてリラックスして読んでください。

天気予報のレシピ

お天気キャスターのテレビ番組での出番は、基本的に2~5分くらいです。よく勘違いされるのですが、天気図を指し示しながら天気予報を伝え、「はい！お仕事終了！　お疲れさまでした！」なんていうラクな仕事ではありません。テレビ関係者でさえそう思っている人が意外と多い……（涙）。

たとえ数分間の出番でも、気象庁からあがってくる大量のデータや数値予報を把握し、視聴者の方にわかりやすく、かつ、面白く伝えるにはどうすればいいか、手間暇かけて天気予報をつくっています。

そもそも、どのようにして天気予報がつくられ、皆さんのもとに届けられるのか、簡単に料理にたとえてご紹介します。

①【観測データの収集】〝食材〟を集める

気象庁は、アメダスでさまざまな機器を使って観測したデータや、実際の空の様子、雨のときは気象レーダーなどから、各地の状況を把握します。料理でいうなら食材集めです。お天気キャスターもこれらの情報はこまめにチェックします。

②【天気図】仕込み

各地の気象データを使って天気図が作成されます。点の情報が集まることで「面」の情報に変えられ、〝今〟の全体の状況がわかります。料理でいうなら、集めた食材を切ったり、下味をつけたりと、仕込みの段階ですね。

③【数値予報】調理

今の状況がわかる情報を使って、「未来」という予想が〝調理〟になります。気象庁のスーパーコンピューターの計算によって数値予報が出されます。数値予報にはさまざまな「計算モデル」があり、同じ情報を使っていても予報結果が変わることもあります。完全な予報というものはなく、数値予報ごとにクセがあります。最終的に人（気象庁だと予報官）の手で修正され、天気予報のマークに反映されます。

④【天気コーナーで伝える】仕上げ

①～③を使い、お天気キャスターは、どの情報を伝えるか、どんな画像を使うか、季節のネタを入れるかなど、試行錯誤します。料理でたとえるなら、見栄えよく見せるための盛り付け、仕上げの段階です。

お天気キャスターの個性や力量で、天気のポイントやわかりやすさが大きく変わり、視聴者の満足度を左右します。

お天気キャスターは②③の作業を行なっているわけではありませんが、どのように

して天気図や数値予報が出されるか、作業への理解が「視聴者に伝える力」に繋がります。

夏に夏休みが取れない！忙しさは「天気」に左右される

晴れて快適な日が続くと、①から④までの作業がスムーズに進められるため、お天気キャスターの仕事も「穏やか」です。

しかし、台風など荒れた天気のときになると一転、大忙しとなります。雨量や河川の水位など、扱う情報の数がグッと増えます。さらに、天気予報の準備の他に、ニュースで伝える原稿のチェックや、中継リポートをどこですればいいかなどのアドバイスもしなくてはいけません。台風が上陸するようなときは、早朝に出勤してからやっと深夜になってはじめてご飯を食べることができた、というような状況もめずらしくありません。お天気キャスターは8月から10月前半にかけての台風シーズンには、基本的に夏休みが取れません。台風シーズンは、一年で一番忙しい季節です。

北海道で働いていた頃の話。10月後半に夏休みを取り、初日の月曜日に東京で休日をルンルン満喫していたとき、週末に台風の接近が予想され業務が大変になるため無慈悲にも夏休みがキャンセルされ、泣く泣く北海道に戻って翌日から仕事をしていたという経験もあります。

仕事やプライベートの予定は完全に「天気」に左右されます。

ちなみに、北海道では、冬場になると急速に発達する低気圧、いわゆる「爆弾低気圧」の襲来で、災害につながるような猛吹雪や大雪となることがあります。年末年始であっても休日出勤することがあり、北国の冬は台風シーズンに匹敵するくらい忙しく、神経をすり減らす季節でもありました。

2 お天気キャスターへの道

どうしたらお天気キャスターになれるのか、興味がある方もいらっしゃるでしょう。お天気キャスターの就職活動は、面接と一発勝負の「オーディション」で決まることがほとんどです。

その場で配られた何種類もの天気図から予報を解析し、与えられた天気画面を使って面接官（番組スタッフ）の前で天気予報を伝えます。当然制限時間があります。オーディションが本番さながらであるのは、お天気キャスターは即戦力を求められることが多いからです。

募集要項に経験や資格は問わないと謳っているところも多いようですが、実際は何の準備もせずにオーディションに合格するには、スケートをはじめたばかりの人がトリプルアクセルに挑戦するくらい至難の業です。

オーディションのための講座もいくつもあるくらいです。私は大学院に在籍しながら、「ＮＰＯ法人気象キャスターネットワーク」の講座を受講しました。

講座では、天気予報の解析の仕方から、季節のネタ探し、人前で天気を伝える練習、さらにオーディションの面接対策まで、みっちり教わりました。

◎ＮＰＯ法人気象キャスターネットワーク

3 天気予報はどのくらい外れる？

お天気キャスターをしていると、テレビ局のスタッフから挨拶のように「今日は雨が降る予報だっけ？」「天気予報外れたね」と話しかけられることが多いです。「天気予報が当たったね！」と話しかけられることは、残念ながらありません。

天気予報が「外れる」ことはもちろんありますが、はたして、読者の皆さんは「天気予報はどのくらい外れる」と思いますか？

気象庁は、これまでの天気予報が当たったかどうか自らの通知表を公開しています。そのひとつの〝科目〟が、雨の予報時に本当に雨が降ったかどうかを表わす**「降水の有無の的中率（適中率）」**です。

では、2019年の的中率はどうだったのか。夕方に発表される翌日の天気（降水の有無）の的中率は、年間の全国平均で85％でした。天気予報、けっこう当たっていませんか？　もう一度言います。天気予報、けっこう当たっていませんか？

予報が外れている方にスポットライトを当ててみましょう。

１００回のうち15回は、雨の予報が外れていることになります。東京だと１㎜以上の雨を観測する日は平年だと年間約１０１日なので、１年で15回、月に１回くらいは雨の予報が外れています。

月に１回「しか」と思うか、月に１回「も」と思うか。人によって感じ方は違いますが、「意外と当たっている」と思ってくださったら、幸いです……。

◎天気予報の精度検証結果（気象庁ＨＰ）

4 天気は「陸・海・空」総力戦で観測される

天気予報がどうやってつくられているか、その大きな流れを紹介しましたが、ここでそれぞれを詳しく見てみましょう。まずは、天気予報の材料となる「気象観測」について。

気象観測は、陸から、空から、海からとさまざまな角度から毎日欠かさずに機器を使って行なわれています。

陸上では、各都道府県にある気象台や測候所の他、アメダスによって観測がされています。アメダスとは「Automated Meteorological Data Acquisition System」の頭文字から取った言葉で、**「地域気象観測システム」**といいます。

1974年から運用がはじまり、降水量は全国約1300カ所で、このうち約840カ所では風向・風速、気温、日照時間を、さらに雪の多い地域約320カ所で積雪を、機器によって自動的に観測しており、リアルタイムの情報が気象庁へ送られてい

オフィス街の一角にある大阪管区気象台内の露場

ます。

まるで都会のオアシス？「露場《ろじょう》」とは

気象台やアメダスで観測する場所は**「露場」**と呼ばれます。

「露場」は風通しや日当たりのいい場所が選ばれ、地面には芝生が植えられています（人工芝を代用する地点もあり）。アスファルトやコンクリートだと、日差しの照り返しや雨の跳ね返りの影響を大きく受けてしまい、正確な観測ができなくなってしまうからです。できるだけ周囲の建物や地形、樹木の影響を受けないような工夫がされています。

大阪管区気象台は大阪市の中心部にありますが、オフィス街の隙間に芝生が広がり、そこに観測機器が並び、生物観測のための植物も植えられています。露場はまるで都会のオアシスです。ちなみに東京は、北の丸公園内に露場があります。

アメダスの他に陸上では、気象レーダーによって雨や雪の観測がされています。1954年からレーダーの運用がはじまり、現在は全国20カ所に設置されています。レーダーはアンテナをくるくる回して電波を飛ばし、跳ね返ってくる電波の波長や強さ、時間の差から、雨や雪の強さを推定しています。半径数百キロの範囲を観測するため、障害となる山や建物が近くにない場所にレーダーは設置されています。

気球に乗ってどこまでも！「高層気象観測」

天気のことを知るには陸上の観測の他にも、上空（大気）の状況を知ることも大切です。気象庁では、**「気象観測器（ラジオゾンデ）」**をゴム気球に吊るして空へ飛ばし、上空約30㎞までの気温や湿度、気圧、風向・風速を観測しています。

日本では16カ所で、毎日午前・午後9時の2回気球を飛ばしています。

なぜ「9時」なのか理由があります。

高層気象観測は、世界各地で同時に行なわれています。世界の空はつながっており、世界中の大気の流れがわからないと、日本の天気を知ることはできません。そして、世界規模の気象観測は協定世界時の0時と決められており、日本標準時では9時なのです。時差があるのです。


ちなみに高層気象観測は、過去に気球だけでなく、なんとロケットを使っても行なわれていました。


「気象ロケット観測」は、気球が届かない高度20~60㎞までの成層圏から中間圏と呼ばれる領域の気象観測を行なっていました。

成層圏や中間圏の基本的な構造やオゾン層などの研究を目的にロケット観測は行なわれましたが、十分な成果が得られ、他の観測手段も整備されたことから、日本では2001年3月21日の打ち上げを最後に終了しました。

宇宙や海で行なわれる気象観測

宇宙からは、静止気象衛星「ひまわり」によって観測されています。ひまわりは赤道の真上、高度3万6000キロの軌道を地球と同じ速さで回っているため、地上から見たら（目視で確認できませんが）静止しているように見えます。

1977年にひまわり1号が打ち上げられ、2020年現在はひまわり8号が本格運用されています。

ひまわりは世代交代のたびに性能は向上。それまで白黒だった画像は8号からカラーへと変わり、雲だけでなく黄砂や火山の噴煙なども観測できるようになりました。

ちなみに、ひまわり9号も打ち上げられており、8号の運用中に何かトラブルがあっても観測が途切れないよう、バックアップ体制がとられています。

続いて、海の話です。海上では陸とは違い簡単に機器を設置することはできません。では、どのように気象観測をしているのか——。

船や海にプカプカ浮かべたブイによって、海上の気温や気圧、風の他、波や海流の状況、海水温などが観測されています。

日本周辺海域では、気象庁の2隻の海洋気象観測船による観測の他、民間の船舶からの情報も観測に役立てられています。

5 スーパーコンピューターで「数値予報」

天気の「今」の食材が揃いました。ここからは、その食材を**調理**して「未来」を予想する「**数値予報**《すうちよほう》」のお話です。

数値予報とは、スーパーコンピューターを使って**未来の大気の状態・天気をシミュレーションする**ことです。スーパーコンピューターでは、何種類もの予報モデルによって、数値予報が計算されています。

数値予報では、地表から上空にかけての空間をさいの目のように格子状に区切り、各格子点の天気状況の推移が計算されます。細かくさいの目切りすればするほど詳細な予報を出せますが、手間暇がかかってしまい、適切なときに天気予報を提供することができなくなります。

気象庁では予報の種類に合わせて、主に3種類の予報モデルが使われています。

局地的な大雨は細かく短く、週間予報は粗く長く

局地的な大雨や雷雨を対象にした「局地《きょくち》モデル（LFM）」は、日本周辺域を2キロ格子で計算されていますが、予報期間は10時間先まで。「細かいけど短い」予報であることが特徴。少し粗めに予報をする「メソモデル（MSM）」は5キロ格子、数時間から1日先まで続くような大雨、暴風を対象としています。

2日以上先となると、ヨーロッパや熱帯の大気の状態が日本付近に影響を与えます。「全球モデル（GSM）」は、地球全体の気象データを収集して、格子間隔は20キロと粗めのさいの目切りをし、週間予報や台風予報を目的に11日間分計算されます。

主な3つの予報モデルを紹介しましたが、同じ材料を使っていても、あるものは弱い雨を予想していれば、激しい雨、まったく雨の降らない予想もあるなど、予報モデルによって出来上がった予報が大きく異なることがあります。

実況の値と予想を見比べて、どの予想モデルと整合性が取れて「当たりそうか」、もしくは複数の予報を混ぜたり、気象庁の予報官や気象予報士の経験則から「もう少

し広い範囲で雨が降るかも」と考察を加えたりする作業がされます。スーパーコンピューターによる数値予報が、そのまま天気予報になるのではなく、最後に人の手が加わって天気予報が出されます。

世代交代が進む〝スーパーコンピューター〟

数値予報で大切なのは、スーパーコンピューターの性能です。気象庁では第10世代のスーパーコンピューターが、2018年から数値予報をしています。計算速度は1秒間に約1京8000兆回、凄すぎてイメージができません。計算能力は第1世代と比べると約1兆倍！　第9世代と比べても約10倍にもなります。

第10世代のスーパーコンピューターの運用によって、各数値予報モデルが予報できる期間が延び、予報の精度も向上しています。とくに、台風の進路予想は、1990年代前半の3日先の予想より、現在の5日先の予想の方がより正確になっています。

スーパーコンピューターのおかげで、昔よりも台風や大雨の危険を早い段階で把握し、防災に役立てることができるようになりました。

6 天気予報の〝盛りつけ〟——お天気キャスターはどう伝えるか

ここからは、いよいよ我々お天気キャスターが、どんなふうに〝お客様〟である視聴者へ天気予報を提供するかのお話です。

お天気キャスターは毎日、当日の天気やこの先の予報を見る作業をした上で、天気コーナーでどんな天気画面を使うのかを考えます。ここで私が大切にしていることは、〝メインディッシュ〟となる天気のポイントをひとつに絞るということです。メインディッシュ級の料理が休憩もなく次々と提供されると、お客さんが食べ終わる前に、お腹いっぱいになってしまいます。

朝だと通勤通学の準備をしながら、夕方だと夕飯の準備をしながら、夕飯を食べながら。〝ながら〟で天気予報を見ている方が多いため、とにかくシンプルでわかりやすく、かつ「面白い」と印象に残るよう考えます。

ところで、皆さんは晴れの日と雨の日では、どちらの天気が気になりますか?

「雨の日の方が気になる」という方が多いのではないかと思います。

実際に雨の日の方が天気予報の視聴率は高く、大雨や台風の接近が予想されるときは顕著に数字に表われます。

雨の日と晴れの日とでは構成を変えますし、雨の日は、いつ、どこで、どれくらいの雨が降るか的確に伝えるために、晴れの日よりも多くの情報を盛り込みます。

〝盛りつけ〟は意外とアナログな方法で

お天気キャスターが解説するためのお天気画面には、各地のアメダスの情報、雨雲レーダーや天気図、雨の予想(数値予報の画面)、明日の天気や気温、週間予報など、さまざまな画面があり、自動で作画されたものを用います。

それらをそのまま提供することもあれば、ちょっとした工夫を加えることもあります。

皆さんも、天気図にイラストが加えられたり、寒気の図を重ねたりするような画面を見たことがあると思います。あの画面は、自動で作画しているものではありません。お天気キャスターが下絵をつくり、その下絵を見て、美術スタッフさんがコンピュータ上のソフトで作画します。意外とアナログな方法ですが、お天気キャスターの好みや表現のニュアンスを画面に反映させるためには必要な作業です。

この際、心掛けていることは、基本的なことですが「わかりやすい字を書く」ということ。走り書きで書いた文字だと、美術スタッフさんが読めず間違った内容をテレビ画面上に表示してしまう心配もあります。

過去には「紅葉の季節です」と私が書いて発注した文字スーパーが、天気コーナー本番の画面上には「紅芋の季節です」と表示されていました。紅芋の季節とは、いったいいつでしょうか……。私の書いた文字が汚く、美術さんには「紅芋」と読めてしまったようです。

2020年2月20日の天気コーナで紹介したイラスト
上：私（広瀬）の手書き
下：完成図（プロの仕事はすごい！）

気をつけたい、天気予報の〝賞味期限〟

この章の前半で、天気予報の的中率についてお話ししました。天気予報の精度がよくなっているとはいえ、外れるときはあります。ひとたび予報が外れると、次の日の番組では、お天気キャスターは〝謝り侍〟状態となります（大阪では人をいじり倒すことが優しさの表現とする文化があります）。

こんなこともありました。「金曜日に言っていた日曜日の予報が、外れたやんけ！」なんて月曜日の番組で公開処刑を受けました。このときも私は〝謝り侍〟になりましたが、心ではこう思っていました。

「これは、**予報が外れたわけではなく、予報が〝変わった〟のだ**」と。

実は、天気予報には〝**賞味期限**〟が存在します。

天気予報は、毎日3回（午前5時、11時、午後5時）更新されています。

つまり、天気予報の〝賞味期限〟は長くても**「半日程度」**なので、お刺身と同じくらいの足の早さといえるでしょう。

テレビで天気予報を見ても、その6時間後には天気予報が変わっている可能性があります。ですから、できればこまめに天気予報を見て、常に〝新鮮な〟状態の情報を持っていてほしい！

とくに大雨や台風のときには、予報が更新されるたびに、コロコロと予報が変わることが多いです。

ちなみに台風情報は、日本へ接近したとき、位置や勢力などの実況は1時間ごとに更新され、24時間先までの進路予想は3時間ごとに更新されます。荒天時には分単位で天気の状況が大きく変わってしまいますので、朝・昼・夕方に発表される予報をこまめにチェックすることが大切です。

他、1カ月先、または3カ月先までの天気の特徴がわかる「季節予報」も、気象庁から定期的に発表されます。**1カ月予報は毎週木曜日の午後2時半、3カ月予報は毎月25日頃の午後2時に発表される**ことを、ぜひ覚えてください。そうすれば、来月や次の季節の暑さ寒さ、雨の見通しをいち早く把握でき、商売や生活に活かすことができます。

日本の天気に合うのは二十四節気よりも「七十二候」

春は筍、夏はスイカ、秋は芋栗南瓜、冬は牡蠣。料理の中に旬の食材が入っていると、季節感を味わえます。天気予報にも季節感を感じられる〝旬の話題〟を入れますが、そのひとつに暦があります。

暦の中で一番話題となる存在は**「二十四節気」**です。それは天気予報でたびたび登場してきては、そのほとんどが日本の季節感とズレていることを話題としています。その理由は第1章に譲ります。

日本の季節感にあった暦は、**「七十二候」**です。これは、「二十四節気」をさらに3等分した暦で、**約5日ごとに候が変わります。**「二十四節気」と同じく、もともと中国から伝わった暦ですが、日本の気候に合うように何度も変更されています。どんな候があるか、いくつか見てみましょう。

・**桃始笑**《ももはじめてさく》　3月10日頃……桃が咲きはじめる

・霜止出苗《しもやみてなえいずる》　4月25日頃……霜が終わり、苗が生長する
・鷹乃学習《たかすなわちわざをならう》　7月17日頃……鷹の子が飛ぶことを習いはじめる

「笑」は「咲く」という意味です。素敵ですよね。

今では馴染みのない現象もありますが、身のまわりの天気や自然の変化が暦で表現されており、覚えていたら繊細な季節の移ろいを感じさせてくれます。

日本独自の暦も存在します。それは「雑節」。二十四節気では捉えきれない季節の変化を補うためにつくられた暦です。「節分（2月3日頃）」「八十八夜（5月2日頃）」や「入梅（6月11日頃）」などがあり、農作業の目安として大切にされてきました。

7 天気だけではない！気象庁が観測・発表するもの

季節感を捉えるための「暦」について紹介しましたが、気象庁でも雨や気温などの観測だけでなく、「**季節感**」も観測しています。正確に表現すると、「**季節現象の観測**」です。

観測された「季節現象」から、季節の進み方や気候の特徴を把握し、生活情報として利用することができます。

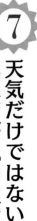

実は「初雪の便り」が早くなっている

初雪は、皆さんご存じの通り、そのシーズンにはじめて降った雪のことですが、**みぞれでも「雨に雪が混じっている」として初雪としてカウントされます。**

初雪は、気象台の職員さんが「雪が降っているな」と目視によって観測されて〝いました〟。なぜ過去形かというと、機械による気温や湿度、降水の観測をもとに、雨なのか雪なのか自動で判別できるようになったからです。各地方を代表する気象台では目視による観測が続けられていますが、それ以外の気象台では2020年2月から（関東では2019年2月から）自動観測に変わりました。

自動観測では、目視では気づかなかった雪を観測できるようになったため、目視で観測されていた頃より、初雪の便りが早く届くようになりました。

横浜の初雪の平年値は、2020年には1月7日から前年の12月13日へと早められました。自動観測により、冬の便りは実感より早く届くようになったのかもしれません。

風が春と冬の訪れを教える

気象庁は**「春一番」**と**「木枯らし一号」**の発表をしています。

「春一番」とは、立春から春分にはじめて吹く南寄りの強風のことで、西～東日本の各地方で観測されます。

ソメイヨシノ標本木の観測の様子。報道陣の前で気象台の職員が開花発表を行う（2019年3月27日大阪城公園西の丸庭園）

諸説ありますが、大昔、春先に強い南風が吹き荒れ、船の遭難が相次ぎ、漁師の間で春に吹く風を〝春一〟や〝春一番〟と呼んでいたことが由来です。「春一番」は、その柔らかな響きから有名な曲のタイトルになりましたが、もともとは漁師におそれられた風でした。

「木枯らし一号」は、東京と近畿地方の2カ所で観測されています。

東京では10月半ばから11月末まで、近畿では「二十四節気」の「霜降（10月23日頃）」から「冬至（12月22日頃）」までにはじめて吹く北寄りの強風のことです。

桜だけじゃない！　生物季節観測

各地の気象台では、**「生き物の観測（生物季節観測）」**も行なわれています。たとえば、桜の開花発表の様子は、テレビの生中継で放送されるようになり、近年では春の風物詩となっています。「桜が開花した」と聞くと、春の到来を感じ、嬉しくもなりますよね。桜の他にも梅や紫陽花、イチョウやカエデが、ほぼ全国の気象台で観測されています。

〝ご当地〟の「生物季節観測」もあります。富山ではチューリップ、東北や甲信地方では梨の花の観測がされています。

花や植物だけでなく、**動物や昆虫の観測**もされています。アキアカネ（赤とんぼ）やホタル、モンシロチョウの初見日（その年はじめて姿が確認された日）、アブラゼミやニホンアマガエル、ウグイスの初鳴（はじめて鳴き声が確認された日）などがあります。

しかし、気象台周辺の都市化の影響で緑が少なくなったことから、生物季節観測の項目は昔と比べると少なくなっています。

かつては「コタツ」の観測もしていた

今から半世紀前の話ですが、**「生活季節観測」**もされていました。

どんなものがあるかというと、コタツや夏服、冬服、手袋、火鉢などの、生活で使用するものです。気象台周辺の決められた地域で、2割以上がコタツを使いはじめたら「コタツの初日」。8割がコタツをしまったら「コタツの終日」というふうに観測されていたそうです。ただし、生活様式の変化や、地道な観測調査が必要だったため、10年ほどで生活季節観測は廃止されてしまいました。

8 天気だけではない！　お天気キャスターが伝えるもの

お天気キャスターは天気だけでなく、さまざまな現象の予想もします。

春は花粉。番組スタッフの多くが花粉症で、春は天気以上に花粉情報に関心を持ってくれているのを実感します。戦後に植林されたスギ・ヒノキの木が生長していることと、食生活の変化や感染症の減少などが関係し、花粉症に悩まされる人は年々増加しています。

2016年度に東京都が行なった調査によると、スギ花粉症の推定有病率は、東京都内でなんと約48％！　花粉症でつらい思いをする方が非常に多いことに加え、春は空気が乾燥していたり、大陸からは黄砂やPM2・5（第4章169頁）などが飛来したりします。

晴れていても、私たちの健康を脅かす〝厄介な奴〟がやってくるかどうか、天気コーナーでしっかりと伝えるようにしています。

待ち遠しいけど、気になる〝あいつ〟に振り回される

私自身としても、春はつらい季節です。春は各地の桜の写真を撮りに行くことを楽しみにしていますが、桜の開花予想の結果に一喜一憂するからです。

気象庁は桜の開花を観測しますが、予想の発表は平成21年に終了しました。現在では、日々の気温の経過や予想から計算して、民間の気象会社やお天気キャスター個人が予想を出しています。

私は北海道で働きはじめたころから毎年桜の開花予想を計算していますが、なんせ生き物相手なので計算通り開花してくれないことが多いのです。

毎年、春になって開花予想日に近づくと、予想が当たるかどうか気になって仕事が手につかなくなります……。

鍋指数、アイスクリーム指数？　いろいろな「指数」

「洗濯指数」は、季節を通して天気予報の中で見ることが多いでしょうか。強い日差しが降り注ぐ夏場は、**「紫外線指数」**や**「熱中症指数」**が気になるかと思います。

逆に寒さの厳しい冬場は、あたたかな日差しを浴びると嬉しくなりますので、「日向ぼっこ指数」を予想したこともありました。

余談になりますが、強い紫外線は「お肌の大敵！」ですが、紫外線を浴びることで体内ではビタミンDが生成されるため、健康のために紫外線は必要な存在です。

その他、年末年始は、初日の出が見られるのかどうかを予想、また大型連休はどの日がお出かけ日和になるか、ランキング形式にして紹介します。また、寒さで鍋が食べたくなるかどうかの**「鍋指数」**や、暑さでアイスクリームが食べたくなるかの**「アイスクリーム指数」**なんてものもあります。

天気予報からどんなものが売れるか、食べたくなるのか予想し、ビジネスにも生かすことができます。

天気はさまざまなものに関係し、人々の生活に多くの影響を与えます。お天気キャスターは、単にその日の天気を伝えるだけでなく、「晴れて洗濯日和」「冷え込みが強まるため、寒暖差による疲労に注意」など、天気から考えられる生活のおススメを伝える盛付や、〝当店オリジナル〟の自分らしさという味付けを大切にしながら、毎日仕事をしています。

（了）

清原康友様、赤木由布子様、おくむら政佳様、北内達也様、熊澤里枝様、佐藤元様、関田昌広様、曽屋愛優香様、津元澄様、中村望様、松下嗣利様、森田隆之様、森山文晶様、山崎聖太様、山本由佳様、吉田龍二様、和田光明様、南利幸様にはコラム等の執筆でご協力をいただきました。

筆保弘徳（ふでやす・ひろのり）

横浜国立大学教育学部教授。気象予報士。1975年岩手県生まれ岡山県育ち。京都大学大学院修了。理学博士。専門は気象学、特に台風。2020年地球環境大賞を受賞。著書に『ニュース・天気予報がよくわかる気象キーワード事典』（ベレ出版）など多数ある。

今井明子（いまい・あきこ）

サイエンスライター、気象予報士。1978年兵庫県生まれ。京都大学農学部卒業。『Newton』など多数の媒体で執筆。著書に『気象の図鑑』（筆保弘徳他と共著、技術評論社）、『異常気象と温暖化がわかる』（技術評論社）がある。お天気教室や防災講座の講師なども務める。

広瀬　駿（ひろせ・しゅん）

お天気キャスター。気象予報士。防災士。健康気象アドバイザー。1989年愛媛県生まれ。横浜国立大学大学院修了。大学院では筆保研究室で台風を研究。北海道テレビ放送を経て、現在は関西の情報番組『ちちんぷいぷい』『ミント！』（毎日放送）の気象情報を担当。

知的生きかた文庫

こちら、横浜国大《よこはまこくだい》「そらの研究室《けんきゅうしつ》」！
天気《てんき》と気象《きしょう》の特別授業《とくべつじゅぎょう》

著　者　筆保弘徳《ふでやすひろのり》　今井明子《いまいあきこ》　広瀬《ひろせ》　駿《しゅん》
発行者　押鐘太陽
発行所　株式会社三笠書房
〒一〇二-〇〇七二　東京都千代田区飯田橋三-三-一
電話〇三-五二二六-五七三四〈営業部〉
〇三-五二二六-五七三一〈編集部〉
https://www.mikasashobo.co.jp
印刷　誠宏印刷
製本　若林製本工場

ISBN978-4-8379-8667-6 C0144